Adobe Animate MG
动画+UI动效设计实践教程

主编 / 程磊　廖丹　副主编 / 董雪

清华大学出版社
北京

内 容 简 介

　　本书以 Adobe Animate CC 2024 版软件介绍为前提,以软件的实际应用为目的,所涉及的案例详解可对 UI 动效、表情包、网页加载动效、按钮动效等方向在实际制作中提供一定的帮助,内容集作者多年教学经验所成,力求全面、深入浅出、实用性强。

　　本书采用理论与实践相结合的教学方法,由理论引入,通过真实案例循序渐进完成对 Adobe Animate 软件的介绍。

　　本书适用于高校广告学、动画艺术、艺术设计等专业的专科生、本科生、研究生及广告设计从业人士阅读和使用。

图书在版编目(CIP)数据

Adobe Animate MG 动画+UI 动效设计实践教程 / 程磊,
廖丹主编 ; 董雪副主编. -- 北京 : 清华大学出版社,
2024. 8. -- ISBN 978-7-302-66993-7
　　Ⅰ. TP391.413
中国国家版本馆 CIP 数据核字第 20248BL760 号

责任编辑:邓　艳
封面设计:刘　超
版式设计:文森时代
责任校对:马军令
责任印制:刘　菲

出版发行:清华大学出版社
　　　　　网　　址:https://www.tup.com.cn,https://www.wqxuetang.com
　　　　　地　　址:北京清华大学学研大厦 A 座　　　　　邮　　编:100084
　　　　　社 总 机:010-83470000　　　　　　　　　　　邮　　购:010-62786544
　　　　　投稿与读者服务:010-62776969,c-service@tup.tsinghua.edu.cn
　　　　　质量反馈:010-62772015,zhiliang@tup.tsinghua.edu.cn
印 装 者:三河市少明印务有限公司
经　　销:全国新华书店
开　　本:185mm×260mm　　　印　　张:12.5　　　字　　数:292 千字
版　　次:2024 年 8 月第 1 版　　　　　　　　　　印　　次:2024 年 8 月第 1 次印刷
定　　价:59.80 元

产品编号:096023-01

丛书编委会

主　　任：于冠超

副 主 任：韩　峰　郑　伟

委　　员：卢禹君　孙秀英　赵　佳

　　　　　吴爱群　董　磊　李亚洁

　　　　　张　艳　范　薇

前　言

MG 动画及 UI 动效广泛应用于文化、产品宣传，人机交互等方面，Adobe Animate 软件可以帮助用户便捷、高效地完成 MG 动画及 UI 动效制作。

本书以 Adobe Animate 软件学习为核心，结合实例及所需理论知识展开讲解，共 12 章，主要包括 MG 动画、UI 动效、设计基本原理、素材导入与应用、初始 Animate 等内容；第 1、2 章分别介绍 MG 动画及 UI 动效的概念及分类；第 3 章结合前 2 章从构图、节奏、景别等方面出发，阐述相关设计的技巧和方法；第 4、5 章介绍 Adobe Animate 软件学习前需要了解的基本内容，如软件的布局、常用的面板、素材的导入、声音处理等，对软件应用的共性知识进行总述，便于读者查询；第 6～12 章主要讲解绘图工具、图形的选取及修改、时间轴与基础动画制作、文本与动画、元件与动画、升级动画、Animate 发布格式，针对零基础读者编写，系统介绍 Adobe Animate 软件的功能，结合大量的实践案例，深入阐述使用本软件制作 MG 动画及 UI 动效的方法，为读者提供创作思路。

同时，本书设置提示模块，提醒读者注意容易忽略的问题。本书所有案例均提供视频讲解、案例源文件、展示视频以供读者快速了解制作内容，提高学习效率，扫码获得案例素材及案例源文件。

本书为 2023 年国家社会科学基金年度一般项目（项目编号：23BXW084，项目名称：寒地非遗数字化艺术传播策略研究）阶段性成果；黑龙江大学新世纪教育改革工程（项目编号：202169，项目名称：文化输出视域下动态视觉应用型艺术人才教育探析）阶段性成果。同时，本书是黑龙江大学艺术学科国家级一流本科专业建设系列教材之一，由黑龙江大学艺术学院程磊和廖丹主编，董雪任副主编。在撰写过程中得到了众多专家学者的支持和帮助，他们为本书提供了宝贵的意见和建议。限于作者水平，书中难免存在疏漏与不足之处，恳请各位同人和读者指正。

特别声明：书中引用的有关作品和图片仅供教学分析使用，版权归原作者所有，在此对他们表示衷心的感谢！

编　者

目　　录

第 1 章　MG 动画的概述

MG 是 Motion Graphics 的缩写，通常译为动态图形设计，如图 1-1 所示。它是融汇了电影、动画、图形设计等多重艺术语言的动态视觉呈现，是当今应用范围非常广泛的艺术表现形式。

图 1-1

如图 1-2 所示，通常 MG 动画表现形式趋于扁平化、重画面的形式感，通过节奏性的动画设计，展示表达的内容信息，提升动画的美感和个性，给观看者留下鲜明的印象。当然，随着技术的不断革新、更多的艺术手法在 MG 动画中得以应用，使其表现力也愈发丰富。

图 1-2

图 1-2（续）

下面简单介绍一下 MG 动画的历史及常用领域。

1.1　MG 动画历史

　　MG 动画的历史可以追溯到 20 世纪初欧洲一部分先锋艺术家进行的一系列动画实验，其中以瑞典音乐家、画家维金·艾格林创作的实验性动画影片《对角线交响乐》为代表，如图 1-3 所示。该片被认为是最早的抽象动画电影，此片与当时其他的动态视觉表现形式最大的不同在于，相对于叙事性的表达，先锋艺术家的作品更关注画面与声音的协调性、内容的形式感及运动的节奏感，与当今的 MG 动画表现形式观念一致，所以从某种角度说，先锋派实验动画对 MG 动画的发展有深远影响。

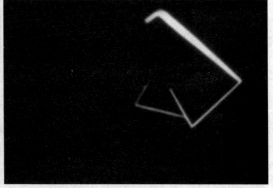

图 1-3

　　1960 年，美国著名动画师约翰·惠特尼创立了一家名为 Motion Graphics 的公司，首次使用"Motion Graphics"来称呼这一类型的艺术，他使用机械模拟计算机技术制作电影、电视片头及广告，其中最著名的作品之一是在 1958 年和著名设计师索尔·巴斯一起合作为希区柯克电影《迷魂记》制作的片头，如图 1-4 所示。

　　20 世纪 80 年代，随着彩色电视和有线电视技术的兴起，小型电视频道纷纷使用动态图形作为树立形象的宣传手段，此外电子游戏、录像带以及各种电子媒体的不断发展所产生的需求也为动态图形设计的进一步发展起到重要作用。

图 1-4

20 世纪 90 年代前，大部分设计师只能在价值高昂的专业工作站上开展工作，但随着计算机技术的进步以及个人计算机相关软件的繁荣发展，制作成本得以下降，使 20 世纪 90 年代后 MG 动画得到蓬勃发展。

如今 MG 动画在我们的生活中已随处可见，成为当今动态视觉艺术的重要表达方式。

1.2　MG 动画的应用

将一些枯燥、专业性强、目的性强的信息转为可视化、动态化、趣味化的艺术呈现，是 MG 动画的核心价值。同时随着科技的发展，互联网及移动端广泛的应用，影像艺术几乎充斥在每个人的视线中，不能忽视的是更容易让人感到轻松的 MG 动画随处可见，在越来越多的领域发挥着重要的作用。

1.2.1　企业宣传

如图 1-5 所示，MG 动画在企业宣传中的应用已经逐渐常态化，MG 动画的艺术形态具有十足的魅力和感染力有助于企业宣传作品，尤其对于已经有一定知名度、影响力的企业而言，在个性化的表现上 MG 动画无疑是非常好的选择。

图 1-5

1.2.2　动态海报

　　如图 1-6 所示，用动态的形式去制作海报已经成为一种趋势，动效的加持可以更好地突出内容的主题。

图 1-6

1.2.3　广告

　　如图 1-7 所示，MG 动画在广告中的应用可以减少观众对"买卖"的抵触感，它能够提供一种轻松的方式让用户了解产品。

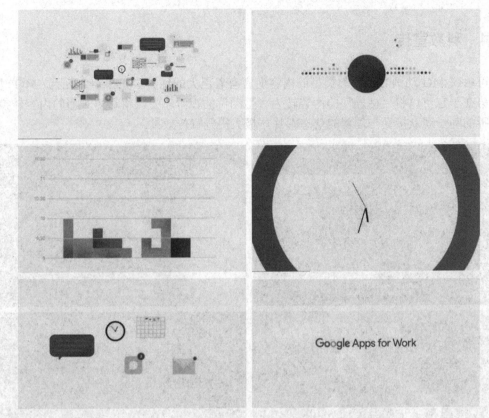

图 1-7

不局限于商业广告，MG 动画在公益广告中也发挥着积极的作用，如图 1-8 所示。

图 1-8

1.2.4　科教宣传

可以说 MG 动画对于科教类型的内容而言有着巨大的优势。如图 1-9 所示，MG 动画的优势在于它可以将"枯燥"的内容转为"生动"的视听享受，将晦涩难懂的内容转换为可视听的易于观众接受与理解的动态影片，极大提升宣传效果。

图 1-9

1.2.5　影视节目包装

如图 1-10 所示，MG 动画在影视栏目、影视作品片头片尾的设计中也十分常见，尤其是对于个性化节目制作而言，MG 动画张弛有度的艺术表现力更好地贴合节目内核，突出主题，迎合受众人群的喜好。

图 1-10

图 1-10（续）

1.2.6　动态 LOGO

如图 1-11 所示，动态的 LOGO 无疑比静态的效果更能彰显魅力，可以运用动画的表现形式精准地传达 LOGO 的含义，突出企业文化，所以越来越多的企业会将自己的企业标识动态化以彰显个性，增强记忆度。

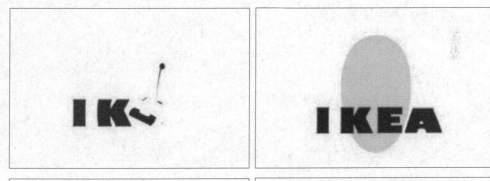

图 1-11

1.2.7　音乐 MV

在声音与画面的节奏性掌控上 MG 动画相对其他影像艺术而言使创作者拥有更好的发挥空间，同时在小成本的 MV 影片制作中也更具优势。如图 1-12 所示，《蠢蠢的死法》是其中优秀的作品，值得注意的是本片使用 AN 软件制作的。

图 1-12

此外，如文化宣传、教学课件等领域都有使用 MG 动画的身影。

第 2 章　UI 动效的概述

动态效果比静态图片能够承载更多信息，更有利于塑造品牌形象，让品牌在市场竞争中脱颖而出，尤其在 UI 设计领域，动态效果更有利于突出交互细节、增加产品的趣味性，在人性化设计的表现上同样有很好的优势。随着移动媒体的普及，科技日新月异的发展，UI 动效以良好的用户体验感和更高产品粘连性，在界面设计中的作用也越发显著。

2.1　UI 概念

UI 是 User Interface 的缩写，也称为界面设计，主要是对软件的人机交互、操作逻辑、界面美观的整体设计，所涉及的内容主要包括界面设计、按钮设计、图标设计等。UI 动效是在此基础上使"静态"变成"动态"效果。

2.2　UI 动效时长

UI 动效设计相较传统动画及大多类型的 MG 动画而言时长短得多，这符合用户交互体验的心里，过长的动效设计会影响用户对产品内容的体验感。

经研究表明，UI 动效的最佳持续时长是 200～500 ms，此研究基于人脑的认知方式和信息消化速度所得，因为任何低于 100 ms（0.1 s）的动效对于人眼而言很难被识别出来，而超过 1 s 的动效会让人有迟滞感。

在手机上，动效时长通常控制在 200～300 ms。

在平板电脑上，时长通常在 400～450 ms。因为屏幕尺寸越大，视觉元素在发生位移时跨越的距离越长，因此速度一定的情况下，需要相对更长的时间。

网页动效一般是基于浏览器下的应用，通常网页动效变化速率相比于移动端中的动效速度要快一倍，一般在 150～200 ms，因为持续时间太长，用户会觉得因网页延迟而导致关闭网页，但如果网页中所用的动效并不是交互型，而是装饰或者用来吸引用户注意力的动态设计，那么不用考虑此时间的规则。

动效设计师制作好动效后，根据实际情况可以转为 PNG 序列帧、GIF、SVG、Lottie等需要的文件格式交给开发人员用以实现。

2.3　常见的 UI 动效应用

本节介绍一些常见的 UI 动效应用场景，了解 UI 动效优势。

2.3.1 导航栏动效

趣味十足的导航栏会增加用户使用的兴趣，同时对用户使用产品具有良好的引导性，如图 2-1 所示。

图 2-1

2.3.2 移动端页面切换动效

在交互过程中考虑用户体验感而设计页面切换、移动等动画效果。动效的应用会增强同类型产品中的竞争力，提高使用率，如图 2-2 所示。

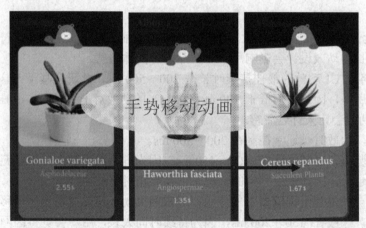

图 2-2

2.3.3 按钮动效

1．提示型按钮

起到交互提示作用的按钮，在 UI 界面中常能看到，如图 2-3 所示。

2．明确目的按钮

在按钮上明确交互目的类型的按钮也是常见的形式，如图 2-4 所示。

图 2-3

图 2-4

3. 悬浮式交互按钮

悬浮式交互按钮动效常见于手机等移动端，此类按钮趣味感十足，适合较小的屏幕传递有效信息，如图 2-5 所示。

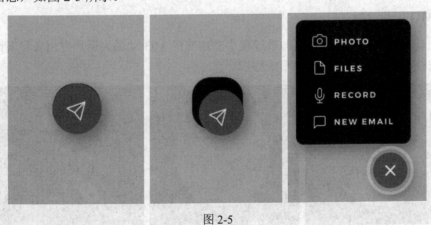

图 2-5

2.3.4　加载界面动效

加载界面动效在页面读取过程中会提供给用户很好的"陪伴感"，减少用户的流失。常见的有几何形体加载动画、Logo 加载动画、MG 加载动画等，在设计上要考虑与产品内容有关联性、趣味性等问题。

1．几何形体加载动画

如图 2-6 所示，通过几何形体简单的变化提升加载过程中的趣味性。

图 2-6

2．Logo 加载动画

如图 2-7 所示，明确商品目的，加强用户对商品的认知。

图 2-7

3．MG 加载动画

如图 2-8 所示，在等待网页加载过程中有趣味的 MG 动画为用户提供视觉新鲜感，动画内容往往与网页内容有关，并形成呼应。

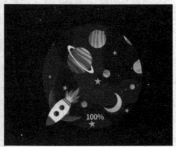

图 2-8

2.3.5　动态网页

在用户浏览网页的过程中提供切换变化的动效、在输入信息时提供提示作用的动效等，通过动效的变化提升用户的体验感，形成良好的交互作用。

1．手势切换动效

通过手势移动切换页面，给用户提供可互动的界面动效已是常态化应用，如图 2-9 所示。

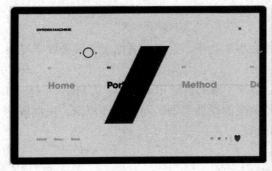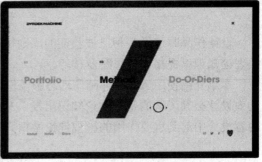

图 2-9

2．输入信息提示动效

输入信息调取不同动画内容，个性化的互动，为用户考虑的贴心设计，常常会增强用户的信任度，增加产品的使用率，如图 2-10 所示。

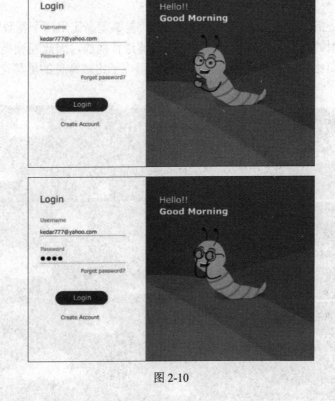

图 2-10

第 3 章　设计基本原理

设计作品时遵循某种已被验证的原则往往会事半功倍，建议读者朋友能够系统学习相关理论知识以提高设计思路及技巧。

本章介绍使用 AN 软件制作动态影像作品必须了解的基础知识，同时从 MG 动画及 UI 动效设计必须了解的基础理论知识出发，对相关画面设计原则、动画设计原则、在叙事性内容设计中起到重要作用的影视理论做精简介绍。

3.1　视频基础知识

本节介绍有关 AN 软件创建及输出时必须了解的基本问题。

3.1.1　屏幕宽高比

屏幕宽高比是指屏幕画面纵向和横向的比例，屏幕宽高比用两个整数的比来表示。

无论哪种类型的视频，最终都要以屏幕为载体进行播放，因此视频类型的动画创作一定要在规定的宽高比的画框内完成设计，下面介绍一下比较常见的屏幕宽高比，如图 3-1 所示。

图 3-1

目前最为常见的屏幕宽高比为 16∶9，比如我们的手机屏幕、电脑屏幕、电视屏幕等，因此我们在制作 MG 动画时设置的宽高比要与输出的媒体宽高比一致。

同样，制作 UI 动效、交互类型的动画等内容时也要考虑输出载体的宽高比，比如网页动效。

3.1.2　视频显示分辨率

视频显示分辨率是视频图像在一个单位尺寸内的精密度。它是用于度量图像内数据量的参数，通常表示成 ppi（每英寸像素，Pixel per inch）。比如一个视频的分辨率为 1920×1080，就代表了这个视频的水平方向为 1920 像素，垂直方向为 1080 像素。因此不难理解，水平与垂直方向的像素越多的视频，就越适合在更大的屏幕上放映。

常见的视频分辨率的设置：高清 1280×720（宽高比为 16∶9）；全高清 1920×1080（宽高比为 16∶9）；4K 4096×2160，其总像素数是全高清的 4 倍，此外还有标清、8K 等。

3.1.3　帧速率

帧速率指每秒钟刷新的图片的帧数，也称为 FPS（Frames Per Second）的缩写——帧/秒。对动态视觉内容而言，帧速率指每秒所显示的静止帧格数。

电影一般是 24 帧/秒，也有其他帧速率的电影，比如李安的电影《双子杀手》采用了 120 帧/秒。

电视由于各个国家的制式不同，所以帧速率也不一样。主要有 3 种制式，即 NTSC 制、SECAM 制和 PAL 制，我国的电视制式为 PAL 制，帧速率为 25 帧/秒。

> **提示**
>
> 根据输出媒介的不同，选择不同的帧速率。帧速率一般不小于 8 帧，否则会影响动态效果的连贯性。

3.1.4　视频封装及编码格式

1. 视频编码格式

Video Coding Format 又称视频编码规范、视频压缩格式，常见的有 H.264、H.265。由于原始的视音频数据非常大，不方便存储和传输，通过压缩编码的方式将原始视音频进行压缩。

2. 音频编码格式

Audio Coding Format 又称音频编码规范，音频压缩格式。常见的有 ACC、MP3 等，同样也是为了将原始的音频数据进行压缩。

3．封装格式

封装文件中包括视频数据、音频数据以及其他数据。将原始的视频和音频数据通过压缩编码之后要封装成一个文件，如 avi、rmvb、mp4 等，就是平常所说的"视频格式"。

3.2　图形设计原理

通过图形设计以达到美学、功能和传播效果的综合性，利用各种图形元素来表达一定的信息和意义。该原理在 MG 动画、UI 动效等画面创作中起着重要作用，下面介绍一些图形设计的基本原则。

3.2.1　对称

将图形元素沿着某个轴线或中心点进行对称排列，使得整个设计看起来更加平衡和和谐，如图 3-2 所示。对称性可以分为水平对称、垂直对称和中心对称等。

3.2.2　对比

使用不同的颜色、大小、形状等，使整个设计更加丰富多彩，突出主题和重点，如图 3-3 所示。

3.2.3　对齐

元素与元素之间有某种视觉联系，有效组织信息以让画面规整有序、严谨美观，如图 3-4 所示。

图 3-2

图 3-3

图 3-4

3.2.4　相似

从形状、颜色、大小等元素来表达视觉元素间的相似性，如图 3-5 所示。

3.2.5　重复

视觉要素在作品中重复出现，增加条理性和统一性，有助于组织信息，利于单独的部分统一起来，如图 3-6 所示。

3.2.6　空间

元素之间、元素与环境之间的距离，如图 3-7 所示。

图 3-5　　　　　　　　　图 3-6　　　　　　　　　图 3-7

除上述内容外，还有层次、重点、平衡等设计原则都可以在动态视觉设计中得到很好的应用。

3.3　视觉暂留原理

视觉暂留原理是光对视网膜所产生的视觉在光停止作用后，人眼仍能继续保留其影像 0.1~0.4 s 左右的图像的现象，这是由于视神经的反应速度造成的。

它是动画、电影等视觉媒体形成和传播的根据。一系列有内容联系的不同画面在视觉暂留的影响下，在人脑中形成了重叠的效果，于是人们就能够感受到"动"的画面，如图 3-8 所示。

图 3-8

3.4　动画设计原理

了解和掌握一定的动画设计原理，可以在创作时使动画效果更加鲜活有趣，本节将介绍在 20 世纪 30 年代迪士尼发布的若干条动画原则，这些原则如今也广泛应用在 MG 动画、UI 动效中。

3.4.1　挤压和拉伸

通过夸张的方式来反映物体的质量、伸缩度让物体看上去富有弹力和生命力，如图 3-9 所示。

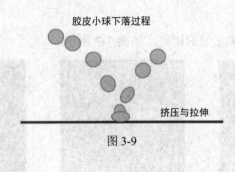

图 3-9

3.4.2　预备动作

即开始动作之前提醒用户的准备动作，与主动作做相反的运动，可以呈现出动作的张力，如图 3-10 所示。

图 3-10

3.4.3　渐入渐出（缓入缓出）

物体运动时逐渐加速度运动的过程为渐入，反之物体逐渐减速动作为渐出，一般渐入渐出的动作可以让物体运动看上去更有节奏，如图 3-11 所示。

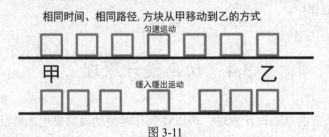

图 3-11

渐入渐出在软件中的表现，如图 3-12 所示。

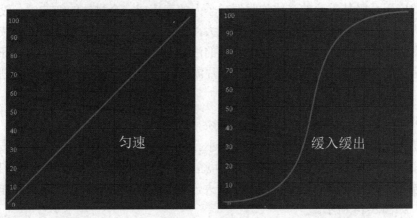

图 3-12

3.4.4　惯性与重叠

主运动物体停止时"附加"的物体继续运动，这样可以使较复杂的物体运动时看上去更加自然，比如一个人转身，先转头后转身体，比身体和头同步转身要舒服得多，如图 3-13 所示，图中头发的运动节奏与身体不同步。

图 3-13

除此以外，迪士尼还提出了演出布局设计、连贯与关键动作法、弧形运动、附属运动、时间控制、夸张、扎实绘图、吸引力这几项动画原则，在动画制作中起到重要作用。

3.5　叙事技巧

MG 动画的创作很多时候会涉及"故事性"的内容，如广告片，如何将较为复杂的信息"说"的清晰、有条理甚至做到引人入胜，是非常重要的。

电影艺术发展的百余年间早已形成十分成熟的视听语言体系，尤其在叙事性内容的表达方式上此体系对 MG 动画的创作起重要的作用。

3.5.1　景别

在焦距一定时，摄影机与被摄体的距离不同，而造成被摄体在摄影机录像器中所呈现出的范围大小的区别，同时物距不变的情况下，镜头焦距的不同选择也对景别有影响。

景别的应用是极其重要的，比如强调一个人的表情或一个物体的细节，一般会用到近景组的镜头，这是因为镜头内的画面主体较大，可以看到更多的细节，同时也减去了主体以外对观众更有吸引力的事物，可以使观众的注意力更加集中在主体上，所以好的设计师（导演）会恰到好处地利用各种景别，使影片添光增色。下面介绍常见的 5 种划分景别的方式。

1. 远景

远景是指广阔的场面，人物所占比例很小。

在介绍事件、人物的背景，展示所在环境空间，表达情感，营造氛围，制造某种意境、强调"观察感"时常使用此景别。由于景别大，画面内容多，一般远景镜头制作时会保留较长时间，如图 3-14 所示。

图 3-14

2. 全景

全景是指一个成年人的全身。

这样的景别既能看清画面中的主体又能了解主体所在空间，可以向观众展现主体的运动及环境的关系，建立明确的空间方位，如图 3-15 所示。

图 3-15

3．中景

中景是指成年人膝盖或腰部以上。

中景画面可以将人物上半身动势最为活跃和明显的手臂活动展示出来（腰部以上一般也可称为中近景镜头），是事件推进性内容表述时运用较多的景别，如图 3-16 所示。

图 3-16

4．近景

近景是指成年人胸部以上。

展示人物的音容笑貌、仪表神态、衣着服饰，表现人物感情、心理活动，刻画人物性格，如图 3-17 所示。

图 3-17

5．特写

特写是指成年人头部或更小的部位。

特写能够有力地表现主体的细节，突出主体表情细微变化展示内心世界，同时也是强调物体细节的重要景别，如图 3-18 所示。

图 3-18

3.5.2　构图的表现对象

1．主体

主体是指影视画面中所要表现的主要对象，是画面构图的结构中心，主体可能是人，也可能是物。

2．陪体

陪体是指相对于主体而言的，它也是画面的有机成分和构图的重要对象，陪体在画面中的出现，目的是要陪衬、烘托、突出、解释、说明主体。

3．环境

环境是除了主体和陪体，有些元素是作为环境的组成部分，对主体、情节起一定的烘托作用，以加强主题思想的表现力。主体前面作为环境组成部分的对象称为前景，处在主体后面的称为背景。

3.5.3　影视构图的常见基本形式

1．黄金分割构图

黄金分割是指把一条线段分为两段后，使其中较长的一段与全长的比值等于较短的一短与较长的一段的比值（0.618）。黄金分割法在动态视觉艺术的画面构图中常常被应用，如按照黄金分割安排主体的位置，如图 3-19 所示。

2．斜线构图

斜线在画面中出现，一则能够产生运动感和指向性，容易引导观众的视线随着线条的指向去观察，同时斜线还能使人感受到三维空间的纵深感和透视感，如图 3-20 所示。

3．九宫格构图

竖横各"画"两条直线组成一个"井"字，画面被均分为 9 个格，称为"九宫格"。竖线和横线相交的 4 个点是画面的视线重点，如图 3-21 所示。

图 3-19

图 3-20

图 3-21

4. 水平线构图

　　主导线是向画面的左右方向发展的，适宜表现宏阔、宽敞的横长形大场面景物，如图 3-22 所示。

图 3-22

5．垂直线构图

景物多是向画面的上下方向发展的，采用这种构图的目的往往是强调被摄对象的高度和纵向的气势，如图 3-23 所示。

图 3-23

6．S 形构图

S 形构图是指使视觉以一种韵律感、流动感呈现，有效地表现被摄对象的空间和深度；此外 S 形构图在画面中能够有效地利用空间，把分散的景物串成一个有机的整体，如图 3-24 所示。

图 3-24

7．几何形状构图

三角形构图可以呈现稳重、不可动摇画面，矩形构图可以产生强烈的形式感、纵深感，如图 3-25 所示。

图 3-25

3.5.4 构图的基本原则

画面中视觉元素如何呈现，与图形设计原则有异曲同工之处，下面介绍几个常见的构图原则。

1．对比

对比是比较常用的一种造型法则。大小、方向、形状、质感、明暗、色彩、虚实、动静等差异，都可以用来进行对比。

2．均衡

均衡是指被摄对象之间在画面上下、左右所表现的影调、明暗、色彩、形状大小、位置高低、远近、疏密、影像虚实等诸要素呈现出视觉重量的平衡、稳定与和谐。对称是一种绝对的均衡形式。

3．集中

集中是指在画面中利用人物的运动、视线方向、光线的明暗分布、色彩的搭配、呼应，把观众的视觉注意力兴趣集中到主要对象上，使主体从众多画面内容中突出呈现并能引导观众的心理，如图 3-26 所示。

图 3-26

3.5.5　镜头的角度

镜头角度是指摄影机光轴相对于被摄主体在水平方向和垂直面方向的变化，包括拍摄方向和拍摄高度两种情况。

1．拍摄方向

拍摄方向是指摄影机光轴相对于被摄主体在水平方向的变化，通常分为正面、侧面和背面，如图 3-27 所示。

1）正面

正面拍摄有利于再现被摄对象的正面特征，拍摄人物时有利于表现人物的脸部特征和表情动作。

2）侧面

侧面拍摄有利于表现人物的外部轮廓，具有很强的立体感。

3）背面

背面所呈现的信息几乎为零，引发观众想象空间，可以制造悬念等效果。

2．拍摄高度

拍摄高度是指摄影机光轴相对于被摄主体在垂直方向的变化，通常分为平拍、仰拍和俯拍，如图 3-28 所示。

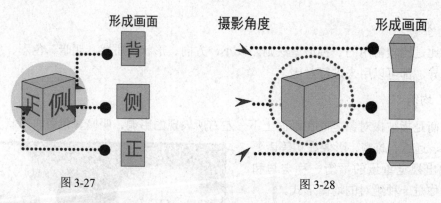

图 3-27　　　　　　　　　　　　　　图 3-28

1）平拍

平拍是指摄影机与被摄主体处于同一水平高度，符合人的正常视线，构图平稳，透视正常，有平等、客观、冷静、亲切之感。

2）仰拍

仰拍是指有利于增强垂直高度感，强调被摄对象的高度和气势，常被用来表现崇高、庄严、伟大的气概和画面中的情绪。

3）俯拍

俯拍地面时，有利于表现开阔的场面；俯拍人物时，人物变得羸弱、低矮，有贬低、蔑视、怜悯的意味。

3.5.6 镜头的运动方式

除了固定不动的镜头，创作时也会经常用到运动镜头，主要有移、推、拉、摇、跟 5 种基本形式。

1．移镜头

移镜头是指摄影机沿轨道或升降机等辅助设备做横向或垂直方向移动的拍摄方式，垂直方向移动通常又称为升、降，如图 3-29 所示。

图 3-29

移镜头的画面特征：被摄主体和背景不断变化，可以拓展画面的造型空间，在表现大场面、大纵深、多景物、多层次复杂场景时体现宏大感。

2．推镜头

推镜头是指摄影机机位沿纵深方向朝着被摄主体不断推进或镜头焦距由短焦向长焦连续变化的拍摄方式，如图 3-30 所示。

图 3-30

推镜头的画面特征：形成视觉前移效果，具有明确的主体目标，被摄主体由小变大，周围环境由大变小，画面景别由大变小，画面信息由多到少。一般用推镜头来突出主体或细节，揭示人物内心状态，或暗示进入人物内心世界。

3．拉镜头

拉镜头是指摄影机机位逐渐远离被摄主体或镜头焦距由长焦向短焦连续变化的拍摄方式，如图 3-31 所示。

图 3-31

拉镜头的画面特征：形成视觉后移效果，被摄主体由大变小，周围环境由小变大，画面景别由小到大，画面信息由少到多。通常用来表现被摄主体与环境的关系、产生戏剧性效果或对比、反衬、悬念等效果。

4．摇镜头

摇镜头是指摄影机机位不动，借助三脚架活动底座或人体以左右或上下旋转为拍摄方式。

摇镜头的画面特征：如人转动头部环顾四周或将视线由一内容移向另一内容的视觉效果。可以不通过剪接情况下，保持动作的连贯性、时空的统一性以展示空间、扩大视野，还可以用来模拟主观视线。

> **提示**
>
> 因为涉及透视关系的变化会增加制作难度，因此在二维动画软件中摇镜头使用较少。

5．跟镜头

跟镜头是指摄影机与运动的被摄主体始终保持相同速度运动的拍摄方式。

跟镜头的画面特征：被摄主体明确固定，景别相对稳定，人物背景连续变化。能够连续而详尽地表现运动中的被摄主体，既能突出主体，又能交代主体运动状态及其与环境的关系。

3.5.7　轴线

轴线是指由被摄对象的视线方向、运动方向和相互之间的关系形成一条假定的直线。只要把摄影机机位在轴线的一侧 180 度区域变化的镜头组接在一起，就能为观众建立明晰的方向感,使观众建立一个完整的空间形象,如果跨越了这个区域,观众的方向感就会被混淆,也就无法建立起对空间的完整的认识。

将图 3-32 所示的镜头 1、2、3 剪辑在一起可以形成合理的空间感,但镜头 1、2、4 组接在一起就会有空间的凌乱感。

图 3-32

轴线 2 侧镜头剪辑在一起(越轴)并不是不可以,但一般会通过加一个齐轴镜头或特写镜头等方式合理越轴以减少越轴给观众带来的空间混乱感。

3.5.8 常用剪辑及转场方式

用多个镜头组接在一起共同完成对一个事件的叙事,是影视艺术常见的表现方式。之所以会分镜头叙事,为了更好地引导观众的视线,比如用全景镜头先介绍教室里上课的场面,再用近景镜头介绍老师在黑板写字的场面,这样可以引导观众关注创作者需要其注意的内容。

> **提示**
>
> 动画创作是指将一帧一帧的制作合并形成了一个镜头,若干的镜头形成一场戏,若干场戏形成一个完整的作品。

镜头和镜头的组接分两种方式,即有技巧组接和无技巧组接。

1. 有技巧组接方式

常见的表现方式有淡入淡出、叠化等,是一种有意识地将两个镜头通过某种效果融合。比如叠化效果,在 AN 软件中可以通过"时间轴"创建两个图层,在第一个镜头结束部分与第二个镜头开始部分产生时间(画面)的叠加,如图 3-33 所示。

图 3-33

2. 无技巧组接方式

无技巧组接也叫"硬切"，可以理解为播放完镜头 1 后马上播放镜头 2，这是影视艺术中最常见的方式，但两个镜头组接时要考虑匹配问题，可以从前后镜头内容的情绪、动作、声音等方面考虑，否则有可能会让观众感到不连贯。

在涉及上下两个镜头的组接正好是场次转换的时候，除了有技巧的组接方式，用"硬切"的方式要考虑画面、声音的衔接匹配，以使观众感受不到"转"的突兀。

> **提示**
>
> 场（scene）是西方剧本写作中常见的格式单位，指场景。"一场戏"是指一个场景里全部的戏剧内容（动作、环境等），一场戏可以由多个或 1 个镜头完成，转场即从一个场景转换到另一个场景。

3. 常用的转场方式

1）同景别转场

前一个场景结尾的镜头与后一个场景开头的镜头景别相同，观众注意力集中，场面过渡衔接紧凑。

2）封挡镜头转场

封挡是指画面上的运动主体在运动过程完全遮挡镜头，使得观众难以从镜头中看出被摄主体的特征。如图 3-34 所示，上一个镜头的主体变大并移动露出下一场次第一个镜头的画面。

图 3-34

3）空镜头转场

通过空镜头转场形成一种明显的间隔效果（空镜头一般是指只有景物，没有人物的镜头）。

4）相似体转场

利用前后镜头中非同一个但同一类或非同一类但有造型上的相似性的视觉内容转场，比如上一场最后一个镜头是月亮叠化下一场第一个镜头的车轮。

5）同一主体转场

前后两个场景用同一物体来衔接，上下镜头有一种承接关系，如图 3-35 所示。

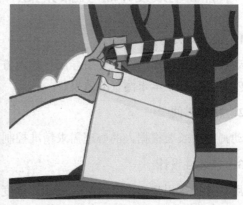

图 3-35

6）逻辑因素转场

前后镜头具有因果、呼应、并列、递进、转折等逻辑关系，这样的转场合理自然，有理有据。

7）出画入画转场

前一个场景的最后一个镜头主体走出画面，后一个场景的第一个镜头主体走入画面，如图 3-36 所示。

图 3-36

3.6　动态界面设计

界面设计首先是服务于用户的，在设计时不仅要考虑产品是否能得到好的展示，更重要的是给用户好的体验。动态界面设计要符合用户的心理预期，给用户更好的参与感和趣味性，当然作为界面动效设计师不能忽略的问题是，要充分考虑客观原因及可实现性。

3.6.1　界面动效设计需考虑的问题

1．恰到好处

动效的设计重点放在需要引导用户的地方，不能处处都是动效，否则会使用户无法专注于内容上，产生本末倒置的效果。

2．精确时间

动画的时长要根据人的心理需求精准控制，过长的动效反而会干扰用户对内容的使用。

3．描述性设计

用动效提示用户正在干什么，比如"进度条动效"对等待进行友好的提示。

4．动效因果

用户对一个操作的结束引发另一个效果的产生，用动效的方式建立联系，明确用户操作指向。比如选择一个图标，对应的界面动效在相同位置被弹出。

3.6.2　界面动效常见转场形式

界面之间的切换是界面动效的主要内容，保持一个界面到另一个界面转换的连续性。常见动效设计有以下几种方式。

1．淡化

类似电影中的淡入淡出效果，上一个界面组件淡化后下一个界面逐渐显现，如图 3-37所示。

图 3-37

2. 缩放轮播

用缩小和放大的方式强调用户动作焦点页面，正在移动到的页面被放大，即将划走的页面随之变小，如图 3-38 所示。

图 3-38

3. 替换

一个界面通过用户的操作直接替换成下一个界面，简单明确，如图 3-39 所示。

图 3-39

第4章 素材导入与应用

本章主要介绍外部素材导入 Adobe Animate（AN）的方法及对导入素材的理解，对外导素材在 AN 中的制作方式可参看本章内容。

4.1 声音的理解

声音与画面结合能够更好地构建动态视觉的艺术空间，丰富内容，增强表现力。在 MG 动画及 UI 动效中应用声音元素，通过声画结合的方式更有效地吸引用户的观看及使用，同时声音能够提供画面在动态表现中的节奏性，尤其在叙事性内容表述时声音的描述性是不能忽略的重要组成部分。

本节将介绍对声音元素的基本理解。

4.1.1 声音的分类

声音分为人声（语言）、音响（音效）和音乐 3 个部分。

1. 人声

人声又称语言，是声音元素的重要内容，主要是指影片中人物所发出的声音。通过语言的表述不仅可以使观众了解内容信息，同时通过不同的语音语调的变化可以感受到情绪和节奏的变化。

人声还可以分为以下内容。

1）对白

对白是指两个或两个以上的人物之间交流的语言。

2）独白

独白属于画外音形式，是人物的单向交流，比如"自说自话"。

3）旁白

旁白是一种客观性的声音，同内心独白一样都属于画外音。

2. 音响

音响也称为音效，是其他声音元素分类外一切声音的统称。根据声音的来源不同，音响通常可以分为动作音响、自然音响、交通音响、机械音响、特殊音响等。例如，泼水的动作需要加入"哗"的声音效果，可以增强画面的真实性，同时音响还能够渲染气氛，比如紧张的心跳声音，还可以明确对画面的评论性，比如质疑的声音，在转场时也可以使用音响效果完成。

3．音乐

音乐是声音元素分类中非常重要的内容，它可以通过乐器演奏、演唱等方式完成。
按照声音的来源可以分为以下两种。

1）画内音乐

画内音乐可以称为有声源音乐，即可以在画面中看到声音的发生源头，比如画面是乐器演奏、电子设备等发出的音乐。

2）画外音乐

画外音乐可以称为无声源音乐，是画面外的声音，在画面中找不到发声物，一般是根据作品需要而创作的音乐，起到烘托气氛、丰富画面等作用。

4.1.2　声画关系

毋庸置疑，声音和画面结合能够更好地起到表意等作用，可以从以下 3 个方面理解声画关系。

1．声画同步

强调声音和画面的同步性，比如看到人张嘴同时听到发声源的声音。

2．声画分离

声音和画面不同步但表意上却是统一的，比如人们欢快交谈的画面，听到的是过年欢乐的歌曲，展现气氛和内容的统一性。

3．声画对位

声音与画面在情绪、气氛等方面相互对立，以加深影片的主题，比如一个人在哭，听见的却是欢乐的音乐，通过反差制造戏剧冲突。

4.2　声音在 AN 中的应用

本节将介绍声音素材格式及声音元素在 AN 中如何导入、制作、输出的问题。

4.2.1　AN 支持的声音格式

Adobe 声音（.asnd）、Wave（.wav）、AIFF（.aif, .aifc）、mp3、Sound Designer® II（.sd2）、Sun AU（.au, .snd）、FLAC（.flac）、Ogg Vorbis（.ogg, .oga）格式的音频文件都可以导入 AN 软件中。

WebGL 和 HTML5 Canvas 文档类型仅支持 MP3 和 WAV 格式。

4.2.2　声音在 AN 中导入

声音元素属于 AN 软件外部素材，需要通过导入正在编辑的源文件中才可以应用。

选择要导入声音时间点的关键帧或空白关键帧（音频不会在舞台上显示而是以波形形式在"时间轴"面板的图层中显示），选择菜单栏中的"文件"→"导入"→"导入到舞台"命令，在"时间轴"面板中即可看到已导入的声音文件，如图 4-1 所示。

图 4-1

也可以选择菜单栏中的"文件"→"导入"→"导入到库"命令，这样音频会先存放在"库"面板中（"时间轴"面板看不到），待需要用到某音频文件时，选中"时间轴"面板中某个关键帧或空白关键帧，从"库"面板中将声音文件拖曳到舞台即可。

音频一般都要有一定的时长，所以可通过"插入帧"命令延长时间及显示出波形。

为了便于编辑，最好独立创建一个图层以编辑声音，如果需要有较为丰富的声音内容时可建立多个图层，如"背景音乐""音效""对话"等。

4.2.3　声音在 AN 中编辑

单击导入到舞台的某个音频的任意一帧，在"属性"面板→"帧"→"声音"中可对该音频文件做进一步的编辑，如图 4-2 所示。

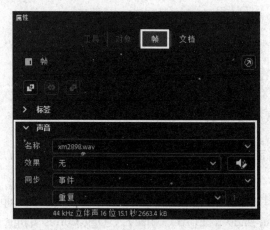

图 4-2

"效果"下拉列表中包含多种常见的声音编辑方式（见图 4-3），可根据需要进行选择。选择"自定义"选项或单击 按钮（编辑声音封套），在弹出的"编辑封套"对话框中可对声音做更细致的处理。

在"编辑封套"对话框中拖动剪辑点▮▮（左、右），可对音乐"掐头去尾"。在音量线上每单击一次，就会新增加一个处理声音大小的控制锚点⊞，锚点的位置越往上声音越大，反之声音变小直至无声，如图 4-4 所示。将点拖出编辑区域（白色区域）可删除锚点。

图 4-3

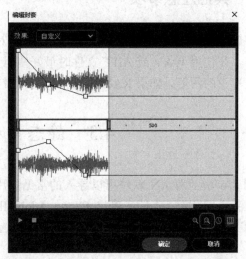

图 4-4

在"同步"下拉列表中，事件声音必须在动画作品完全下载后才能开始播放，常用于短小音频素材；"开始"的设置与事件功能相近，差异在于有已播放的声音，新声音不会播放；"停止"是让指定的声音静音；选择"数据流"类型 AN 会强制动画和音频流同步，以便在网站上播放，同时音频流随着 SWF 文件的停止而停止。

4.2.4 禁用及删除导入声音

本小节介绍如何将已应用的声音禁用、声音和画面的关系以及将确定不用的声音素材删除以缩小源文件的大小的方法。

1. 禁用声音

在"时间轴"面板中选择包含声音的帧，在"属性"面板→"帧"→"效果"下拉列表框中选择"无"，或者选择此帧后右击，在弹出的快捷菜单中选择"清除关键帧"命令（见图 4-5），可以完成删除声音的效果。

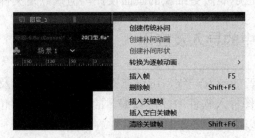

图 4-5

2．删除声音文件

在"库"面板中选择声音文件，单击"垃圾桶"图标可将此文件彻底删除。

4.2.5　其他注意事项

声音文件要使用较大磁盘空间和 RAM，相对而言 mp3 声音数据比 WAV 或 AIFF 声音数据小，在使用 WAV 或 AIFF 文件时最好使用 16～22 kHz 的单声，因为立体声使用的数据量是单声的两倍。如果 RAM 有限，可将声音文件改为 8 位声音。

4.3　静态素材的导入

图 4-6 所示为 AN 软件可以导入的常见图片格式，同时还可以导入同公司（Adobe PhotoShop、Adobe Illustrator）软件的源文件格式，为丰富画面创作提供多样性选择。

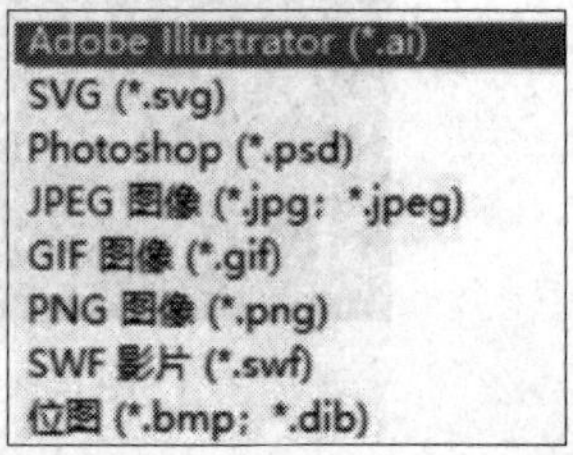

```
Adobe Illustrator (*.ai)
SVG (*.svg)
Photoshop (*.psd)
JPEG 图像 (*.jpg；*.jpeg)
GIF 图像 (*.gif)
PNG 图像 (*.png)
SWF 影片 (*.swf)
位图 (*.bmp；*.dib)
```

图 4-6

4.3.1　静态素材格式

AN 是二维矢量动画软件，所绘制的图形均为矢量图，而常见的图片格式以位图为主，本小节介绍矢量图与位图的区别。

1．矢量图

即向量图，可以理解为一系列点、线、面等组成的图，使用直线和曲线（称为矢量）描述图像，这些矢量还包括颜色和位置等属性，它所记录的是对象的几何形状、线条粗细和色彩等信息。其存储量小，在对图形缩放、旋转或变形操作时，图形不会产生锯齿效果，但图形相对细腻度较弱。同时，矢量图可采取高分辨率印刷，可以以最高分辨率进行打印、输出。

2．位图

由一组像素构成的点阵图，对位图扩大查看相当于增大单个像素，放大到一定限度可见"小方格"样态，称为像素点。图片宽高比的大小影响画面的清晰及显示的清晰程度，越大越清晰，同时越大也越能做更细腻的画面设计，但缺点是文件也越大。

4.3.2　位图在 AN 中的导入及应用

图片导入方式与声音的导入一致，可以在"库"面板中查看及删除。

如图 4-7 所示，位图导入软件中，可以编辑的功能仅有调整位置、缩放变化，需要对导入位图做更多编辑有以下几种方法。

图 4-7

（1）转换为元件方式：将导入的位图转为元件使用。

将导入的位图图片转换为元件后可以对图片进行颜色的调整、添加滤镜等操作，如图 4-8 所示。

（2）位图填充的方式：将位图作为"填充颜色"使用。

将导入的图片作为"填充颜色"在绘制的图形中使用，如图 4-9 所示。

图 4-8　　　　　　　　　　　　　　　　　图 4-9

（3）转为形状属性方式：执行"分离"命令，转换为形状属性使用。

转换为形状属性的位图，可将不需要的内容删除，如图 4-10 所示。但此方法相当于位图填充，只是通过工具将图片样态修改为保留区域，一旦拖动边缘将区域扩大则会将位图的原本样貌展示出来，如图 4-11 所示。

图 4-10　　　　　　　　　　　　　　　　图 4-11

（4）转为矢量图的方式：将位图在软件中执行"转换位图为矢量图"命令，使位图变成矢量图使用。

选择需要转换的位图，如图 4-12 所示，选择菜单栏中的"修改"→"位图"→"转换位图为矢量图"命令或单击"属性"面板中的"跟踪"按钮，在弹出的"转换位图为矢量图"对话框中单击"确定"按钮。由于图形已变成矢量图，所以拖动图形边缘改变样态，是边缘填充面的变化，如图 4-13 所示。

图 4-12　　　　　　　　　　　　　　　　　　　　　　　　图 4-13

提示

如图 4-14 所示，在"转换位图为矢量图"对话框中，颜色阈值越小转换时颜色保留越多，但转换速度慢；最小区域数值越大转换精度越小，速度相对快；角阈值是对转换的矢量图尖角保留形态的选择；曲线拟合为轮廓的平滑度，预览是对转换效果确定前的预览效果查看。

图 4-14

4.3.3　其他软件源文件导入及应用

AN 可以导入 Adobe Photoshop（简称 PS）软件及 Adobe Illustrator（简称 AI）的源文件，PS 软件是强大的位图处理软件，AI 软件是强大的矢量图形处理软件，这两款软件与 AN 同属于 Adobe 公司，在导入时有很好的兼容性。

1. 导入 PS 源文件

如图 4-15 所示，在导入 PS 源文件（.psd）格式对话框中可以进行导入设置。可以选择指定的图层导入，导入后可以设置如何放入"时间轴"面板中，同时还可以对导入的大小是按照文件还是元素自身大小做自由选择。

2. 导入 AI 源文件

如图 4-16 所示，在导入 AI 源文件（.ai）格式对话框中的设置内容与导入 PS 源文件基本相同，同时由于都是矢量软件，所以导入的图形在不转换为其他属性下可在 AN 中自由修改。

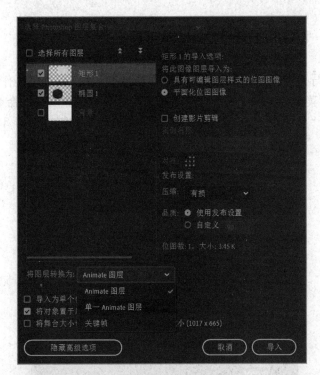

图 4-15

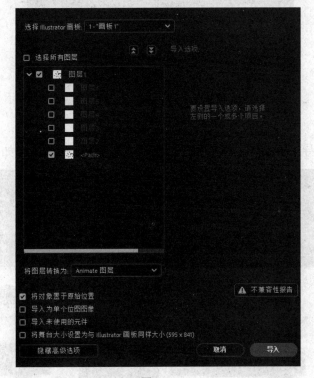

图 4-16

4.3.4　实例——MG 动画：媒婆动画

本实例介绍了导入 PS 源文件的方法以及如何制作动画，以提供创作思路。

步骤 01　选择菜单栏中的"文件"→"导入"→"导入到舞台"命令，在弹出的对话框中选择随书附赠"媒婆纸片"PS 源文件，单击"打开"按钮。如图 4-17 所示，设置导入的图形参数。

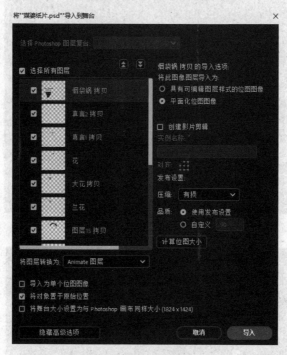

图 4-17

步骤 02　分层导入的图层，根据用户的需要可制作成动画效果，如图 4-18 所示。

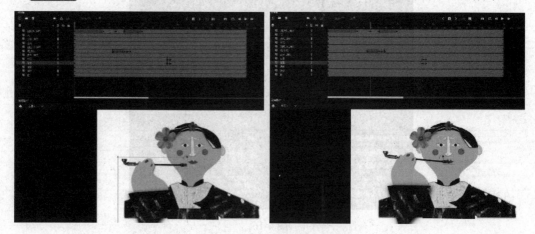

图 4-18

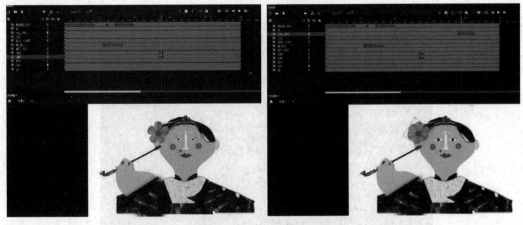

图 4-18（续）

动效制作可参考本书元件动画制作方式。

4.4 动态素材的导入

为了使用户能够拓展更多的艺术表现形式及创作方向，AN 还可以将常见的动态的视频素材导入软件中。

4.4.1 可导入的视频格式

1．FLV 格式编码视频

该格式是一种流媒体格式，它的特点是文件小、加载速度快，尤其在网络还不是很发达的时代此格式对制作视频作品而言是首要的选择。同时此格式的视频文件可以嵌套到 AN 的"时间轴"面板中，使创作变得十分方便。

2．H.264 格式编码视频

该格式是当今最常用的编码格式，它的特点是高编码效率、能够提供高质量的视频画面、提高网络适应能力等，同样也可以将此格式视频嵌套到 AN 软件的"时间轴"面板中。

3．SWF 格式文件

该格式文件是用 AN 软件创作并生成的矢量视频文件格式，导入方式与导入位图一样。

4.4.2 导入视频

选择菜单栏中的"文件"→"导入"→"导入视频"命令，在弹出的"导入视频"对话框（见图 4-19）中有以下 3 种方式选择视频。

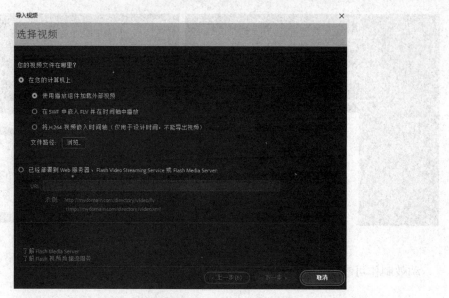

图 4-19

1. 使用播放组件加载外部视频

选择此种方式不会将视频嵌入软件中，而是使视频以较小的方式引用本地计算机视频，如图 4-20 所示，发布 SWF 文件后可以在单独的播放器中控制文件的播放。

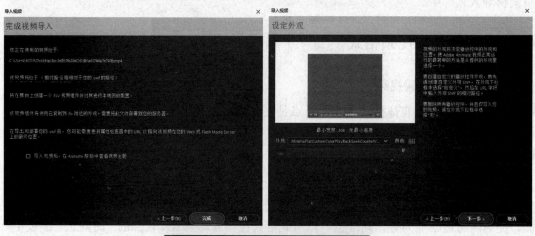

图 4-20

2．在 SWF 中嵌入 FLV 并在时间轴中播放

将 FLV 嵌入 Animate 文档中并将其放在"时间轴"面板中，视频不宜过长，否则会加大文件的体量。

如图 4-21 所示，选择此种方式，需要单击"文件路径"后的 浏览 按钮，在弹出的"打开"对话框中选择 FLV 格式文件，选择"打开"按钮后单击"下一步"按钮，在"嵌入"对话框中设置参数，单击"下一步"按钮，在"完成视频导入"对话框中单击"完成"按钮，FLV 文件将出现在"时间轴"面板中，但若导入的文件太大会出现错误提示。

图 4-21

3．将 H.264 视频嵌入时间轴

使用此方式导入视频的步骤与 FLV 基本相同，如图 4-22 所示，同样可以导入"时间轴"面板的图层中，但发布的 SWF 文件中无法显示该视频。

4．已经部署到 Web 服务器、Flash Video Streaming Service 或 Flash Media Server 的视频

如图 4-23 所示，输入已部署到 Web 服务器或 Adobe Media Server 的视频的 URL，可使视频独立于 AN 文件和生成的 SWF 文件。操作步骤与"使用播放组件加载外部视频"基本一致。

图 4-22

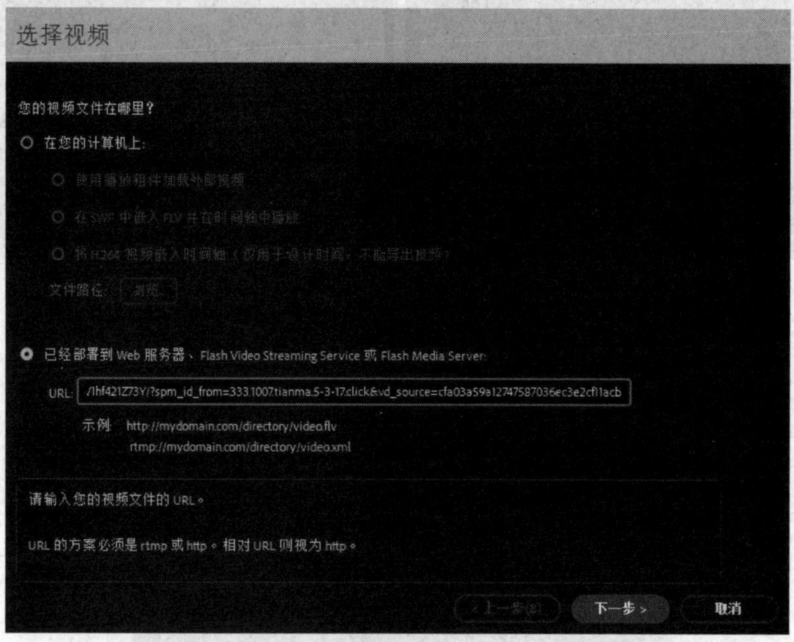

图 4-23

第 5 章 　初识 Animate

本章介绍 AN 软件的启动、退出、工作界面、工作区布局等基本内容，为软件了解与使用打下基础。

5.1　软　件　介　绍

Adobe Animate 为 2D 矢量动画软件，简称为 AN，其特点是简单、易学，特别适合独立完成动画作品，深受创作者喜爱。与同属 Adobe 公司出品的软件有非常好的兼容性，在协同创作上体现出强大的优势。它可以以分层形式调用 AI 及 PS 软件绘制的图形源文件，以得到更细腻画面效果制作动画，同时还可以输出带有透明通道的动画素材导入 AE 软件中为后期制作提供更多创作空间。

除对常见视频格式文件输出外，AN 软件还支持多平台发布以适应新时代环境下创作需求。

本书使用版本为 Adobe Animate CC 2024，本书在 Windows 系统下使用，所涉及快捷键以此为前提介绍，如图 5-1 所示。

图 5-1

双击桌面 图标或单击 Windows 按钮再单击 Adobe Animate 2024 按钮，即可打开 AN。

> **提示**
>
> 　　快捷键的使用均在英文输入法环境下，部分电脑品牌在使用 F1～F12 键时需要同时按 FN 键。

5.2　源文件介绍

　　源文件又称项目文档，动画的制作需要在源文件中完成，本节将介绍如何创建新的源文件、保存文件并退出软件的方式及源文件类型等。

5.2.1　创建源文件

　　首次使用 AN 时会出现主屏幕界面（见图 5-2），选择预设格式，然后单击"创建"按钮 ，可建立新的源文件。

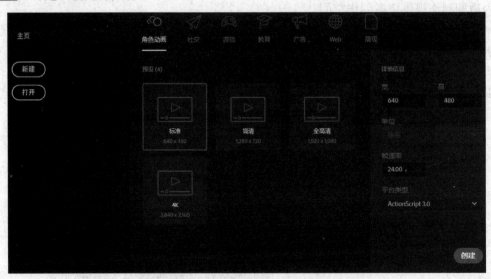

图 5-2

　　也可以选择菜单栏中的"文件"→"新建"命令（见图 5-3），或者按 Ctrl+N 快捷键，在弹出的"新建文档"对话框中选择某个预设格式，然后单击 按钮（见图 5-4）建立新的源文件。根据创作需要可改变"新建文档"对话框右侧"详细信息"内的参数。

图 5-3

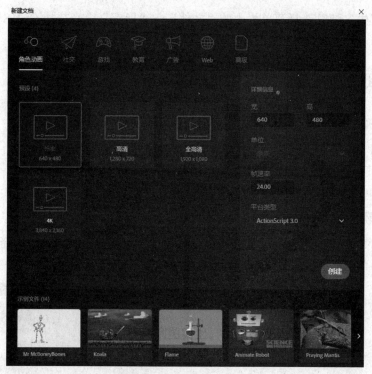

图 5-4

5.2.2 保存源文件

新建的源文件默认名称为"无标题-1",为了便于文件的整理,建议用户重新命名文件并保存。

选择菜单栏中的"文件"→"另存为"命令(见图 5-5)或按 Ctrl+Shift+S 快捷键,在弹出的"另存为"对话框中可指定根目录,确定文件保存位置,在"文件名"文本框中输入指定名称,单击"保存"按钮,如图 5-6 所示。

图 5-5

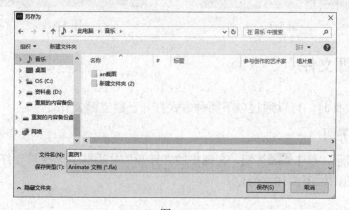

图 5-6

制作过程中，随时选择菜单栏中的"文件"→"保存"命令或按 Ctrl+S 快捷键，可以保存源文件。

5.2.3 关闭源文件及退出软件

1. 关闭源文件

单击文件名后的 ▇ 按钮，或者选择菜单栏中的"文件"→"关闭"命令（快捷键为 Ctrl+W），即可关闭当前编辑的源文件，如图 5-7 所示。

2. 退出软件

单击软件右上方的 ▇ 按钮，或者选择菜单栏中的"文件"→"退出"命令（快捷键为 Ctrl+Q），即可退出 AN 软件编辑，如图 5-8 所示。

图 5-7   图 5-8

5.2.4 打开源文件

再次使用软件时，可以通过以下两种方式打开已建立源文件。

1. 主屏幕界面

如图 5-9 所示，单击 🔲 按钮。在弹出的"打开"对话框中选择需要打开的源文件，单击"打开"按钮，如图 5-10 所示。

图 5-9

图 5-10

2. 菜单栏命令

如图 5-11 所示，选择菜单栏中的"文件"→"打开"
命令（快捷键为 Ctrl+O），在弹出的"打开"对话框中选
择需要打开的源文件，单击"打开"按钮。

图 5-11

5.2.5　修改源文件属性

可以通过以下两种方法对已经创建的源文件的宽高比、帧速率等属性进行调整。

1. 菜单栏命令

选择菜单栏中的"修改"→"文档"命令（快捷键为 Ctrl+J），在弹出的"文档设置"
对话框中可调整相应数值，如图 5-12 所示。

2. "属性"面板

选择菜单栏中的"窗口"→"属性"命令（快捷键为 Ctrl+F3），打开"属性"面板，
在"文档"→"文档设置"中可调整相应数值，如图 5-13 所示。

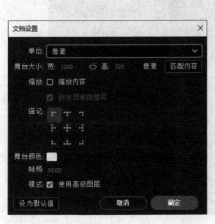

图 5-12

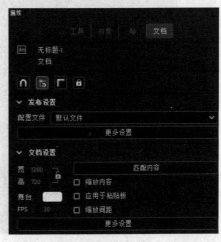

图 5-13

5.2.6 源文件类型介绍

如图 5-14 所示，AN 软件可根据用户的需要创建不同的源
文件类型，其中 ActionScript 3.0 其文件扩展名为".fla"，是
AN 软件的常用类型，在制作 MG 动画、UI 动效时可创建此类
型源文件。HTML5 Canvas 类型文件是近几代软件版本新增内
容，属于超文本标记语言，为制作交互性内容创作提供支持。

图 5-14

5.3 软件界面介绍

本节将介绍进入软件的使用步骤后，有关软件内工作界面颜色、工作区布局、常用面
板等设置的方式。

5.3.1 软件界面颜色设置

读者可以通过更改界面颜色与本书例图界面颜色一致。

选择菜单栏中的"编辑"→"首选参数"→"编辑首选参数"命令（快捷键为 Ctrl+U），
在弹出的"首选参数"对话框中选择"接口"，在"颜色主题"中单击"最暗"按钮，如
图 5-15 所示。

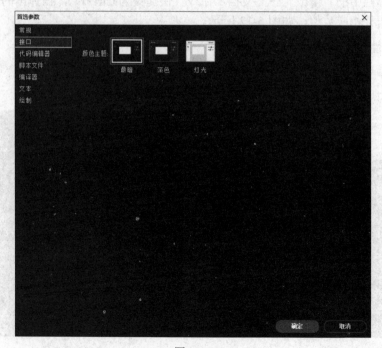

图 5-15

5.3.2　工作区布局

Adobe 公司为不同工作需要的用户提供了不同的面板布局方式以便更有效地制作动画。本书的编辑是在"传统"布局模式下完成的,建议读者(尤其是零基础的读者)与笔者统一工作区布局,以保证对本软件更有效率的学习。

设置工作区有以下两种方式。

1.工作区按钮

单击软件右上方的 ▣ 按钮,选择"传统"选项。

2.菜单栏命令

选择菜单栏中的"窗口"→"工作区"→"传统"命令。

AN 软件的面板可以根据需要进行关闭、移动等操作,当用户对面板调整过多以致当前工作区布局发生明显改变时,可选择菜单栏中的"窗口"→"工作区"→"重置'传统'…"命令,重新调整为"传统"(某种已选工作区)初始状态,如图 5-16 所示。

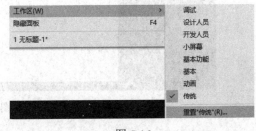

图 5-16

5.3.3　面板的调整

AN 软件面板可以根据编辑时需要做以下调整。

1.浮动面板

在需要浮动的面板名称处拖动,可将该面板浮动在软件界面上,便于用户对面板的快速查找、切换等。例如,"属性"面板多以浮动方式使用。

2.关闭面板

关闭不常使用的面板可简化软件的操作空间。单击面板右上方的 ▤ 按钮,在下拉菜单中选择"关闭"选项可以关闭该面板,选择"关闭组"选项可以将整个面板组同时关闭。

3.锁定面板

单击面板右上方的 ▤ 按钮,在下拉菜单中选择"锁定"选项,可对某些常用面板进行锁定,提高工作效率。

4.改变面板大小

根据用户需要将鼠标移动到需要调整的面板边缘,当鼠标变成双向箭头后拖动,调整面板大小以方便使用,如图 5-17 所示。

图 5-17

5.3.4 "传统"模式下界面布局介绍

在"传统"模式下，AN 调取的面板及位置摆放，如图 5-18 所示。

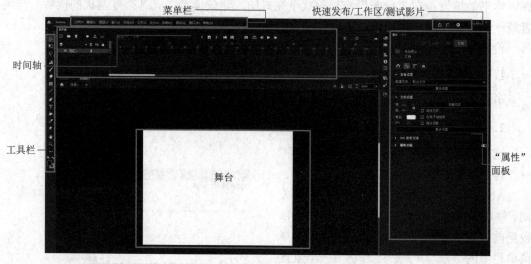

图 5-18

1. 菜单栏

（1）文件：用以新建、保存、另存为、导入、导出等基本命令操作。

（2）编辑：在动画制作过程中的复制、粘贴等常用命令操作。

（3）视图：对绘制、调整动画时调取辅助工具等命令操作。

（4）插入：用以建立元件、创建补间动画等命令操作。

（5）修改：对修改位图、合并对象等绘制图形元素的相关命令操作。

（6）文本：创建与文本相关命令操作。

（7）命令：管理命令等相关操作。

（8）控制：测试影片等命令操作。

（9）调试：对动画内容进行调试等命令操作。

（10）窗口：管理所用面板的显示与隐藏。

（11）帮助：帮助用户了解软件使用等信息内容。

2. 时间轴

"时间轴"面板是 AN 软件最重要的面板之一，所有动画效果都需要在"时间轴"面板上操作完成，同 Adobe 其他软件一样，AN 也可以分层制作画面内容以快速完成制作步骤，可以通过在"时间轴"面板创建新的图层方式实现。

在"时间轴"面板上除了处理图层功能，还可以快速创建不同类型的帧，通过右击帧可执行对帧的修改、复制、删除等一系列命令。

此外，可以通过对"绘图纸外观"功能的使用辅助动画制作，同时"时间轴"面板还包含测试影片的按钮以实现快速检验动画效果等功能。

3. 舞台

软件中间默认的白色区域为舞台，用户制作的视觉元素一般都要放置在舞台所示空间内，否则影响发布后画面的显示。

舞台外的空间也很重要，一般放置观众暂时不需要看到的内容，比如一个横移动镜头，需要横向绘制较多画面内容并超出舞台范围，为模拟镜头移动时提供更多画面空间，如图 5-19 所示。

图 5-19

如图 5-20 所示，以下功能可对舞台进行控制。

图 5-20

（1）编辑元件：单击 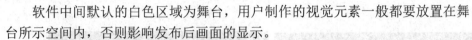 快速进入元件内部，未创建元件不能使用。

（2）场景 1：用以建立多个场景后快速切换。

（3）舞台居中：当舞台旋转或移动出显示范围时，单击 按钮可将舞台归位。

（4）旋转工具：单击 按钮，在舞台上拖动以旋转舞台。

（5）裁剪掉舞台以外的内容：单击 按钮可预览输出后的样态，再次单击该按钮将恢复原样。在制作过程中辅助画面元素摆放，不是真正裁切画面。

（6）显示舞台范围：单击 按钮，可以逐一缩放舞台区域；单击 100% 下拉菜单，可按比例缩放舞台区域；在数值框中直接输入数值可按指定数值显示舞台大小。

4. 工具栏

工具栏包含绘制工具、选取工具、文字编辑、图形工具等，是用户绘制视觉元素及制作动画时必须使用的面板。

同时通过单击 按钮，可在展开的"拖放工具"面板中，将默认没有显示的工具拖动到工具栏中使用。

需要注意的是，某些工具还有子工具，可根据需要确定子工具的应用。如"放大镜工具"的子工具，选择"+"为放大功能，反之为缩小功能。

5. "属性"面板

"属性"面板是使用频率非常高的面板，不同的选项针对不同的编辑内容，如图 5-21 所示。

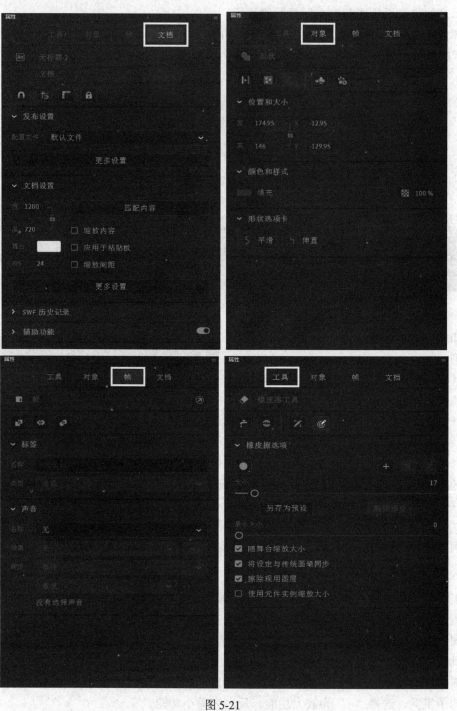

图 5-21

（1）文档：对源文件相关参数进行设置。

（2）工具：选择某工具后，在此选项中对选中工具进行细致设置。

（3）对象：选择某个视觉元素后，在此选项中对相关参数进行精细调整。

（4）帧：选择时间轴某帧后，在此选项中对所选帧进一步编辑。

第6章 绘图工具

用户可以通过工具栏中的相关绘图工具完成视觉元素的创建，本章将详细介绍所有绘制工具的使用方式。需要注意的是，不同工具绘制的视觉元素属性不同，但根据需要可以转换，不同的属性直接影响动画的制作，需要读者朋友仔细解读并多做练习。

6.1 绘制线条工具介绍

很多工具可以用于绘制线条，如"线条工具"，同时有些工具不仅可以绘制线条同时还可以绘制填充面，本节将通过具体案例详细介绍相关工具的使用，同时通过综合案例以提供实战思路。

6.1.1 线条工具

用户可以通过"线条工具"绘制线条，同时还可以用"属性"面板细化线条工具的使用。

1. 绘制线条

在工具栏中单击按钮（快捷键为 N），在舞台任意位置拖动可得到一条直线。

按住 Shift 键拖动可约束 45°角直线的绘制，按住 Alt 键拖动可以心点绘制直线。

2. 线条颜色设置

（1）在绘制之前选择颜色：选择"线条工具"后，单击工具栏下方的"笔触颜色"色块，在弹出的"默认色板"中选择颜色；或者按 Ctrl+F3 快捷键打开"属性"面板，选择"工具"→"颜色和样式"→"笔触"色块，在弹出的"默认色板"中选择颜色。

（2）对已绘制线条更改颜色：单击工具栏中的按钮，选择舞台已绘制线条，单击按钮，在弹出的"默认色板"中选择颜色；或者单击工具栏中的按钮，选择舞台已绘制线条，单击"属性"面板→"对象"→"颜色和样式"→"笔触"色块，在弹出的"默认色板"中选择颜色。

更多颜色的选择可单击"默认色板"中的按钮，在弹出的"颜色选择器"对话框中单击以获取想要的颜色，如图 6-1 所示。

> **提示**
>
> AN 软件的颜色类型中，除纯色外还有两种渐变色、位图（外导），可在"默认色板"中进行选择，也可在"颜色"面板中进行选择，笔触颜色及填充颜色均适用。

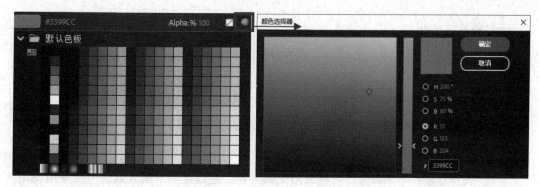

图 6-1

3. 半透明线条设置

在"默认色板"的 Alpha 数值上拖动或单击并输入指定数值，可绘制出半透明线条。也可在"属性"面板中的▨按钮后设置数值。

4. 指定线条颜色设置

单击"默认色板"中的▨3399CC输入框，输入指定色号用以绘制指定颜色。

5. 对象绘制模式

在绘制线条之前，单击工具栏中的▨按钮，绘制的线条为绘制对象属性；不选中此按钮则默认绘制形状属性线条。

6. 线条粗细设置

选择"线条工具"，在"属性"面板中拖动"工具"→"颜色和样式"→"笔触大小"滑块，可绘制粗细不同线条。

单击▷按钮，选择舞台中已绘制线条，在"属性"面板中拖动"对象"→"颜色和样式"→"笔触大小"滑块，可对已绘制的线条改变粗细。

7. 设置线条样式

在"属性"面板中，在"样式"下拉菜单中可选择不同线条样式，单击"样式"后的▤按钮，选择"编辑笔触样式"命令，在弹出的"笔触样式"对话框中可对线条样式做细致调整；若选择"画笔库"命令，在弹出的"画笔库"对话框中可对线条样式做更为丰富的选择。

8. 线条端点设置

如图 6-2 所示，线条长度一样，选择不同的端点类型线条样态不同，在"属性"面板中单击▤按钮，绘制的线条为"平头端点"，以线条锚点为端点，线条端点呈直角状；单击▤按钮，绘制的线条为"圆头端点"，线条端点呈圆弧形；单击▤按钮，绘制的线条为"矩形端点"，样态与"平头端点"一样，区别在于其直角以"圆头端点"最外端拉齐。

9. 删除线条

单击已绘制线条，按 Delete 键即可删除。

10. 线与线的角

如图 6-3 所示，当所绘制的线条有夹角时，在"属性"面板中可选择夹角的不同样态。

图 6-2　　　　　　　　　　　　　　　　　图 6-3

（1）尖角连接：单击▣按钮可将夹角变成尖角，通过拖动或输入数值可改变角度。

（2）斜角连接：单击▣按钮可将夹角变成斜角。

（3）圆角连接：单击▣按钮可将夹角变成斜角。

6.1.2　实例——绘制马路线

如图 6-4 所示，使用"线条工具"绘制马路线图形，通过实例练习夯实对"线条工具"的理解。案例中线条大小等数值仅供参考，读者可自由设置，无须与本书一致。同时，本案例还用到"对齐"面板以辅助图形之间的对齐整理。

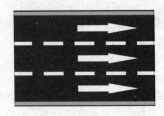

图 6-4

步骤 01　如图 6-5 所示，对新建的源文件参数进行设置，注意单击"舞台颜色"后的色块，在弹出的"默认色板"中输入色号#333333，改为深灰色。

图 6-5

步骤 02　选择"线条工具"，单击▣按钮，其他设置如图 6-6 所示。

步骤 03　按住 Shift 键，拖动鼠标形成一条黄色平行直线且贯穿舞台，采用同样方式再次绘制一条直线，如图 6-7 所示。

图 6-6

图 6-7

步骤 04　将笔触改为白色，绘制一条短线，如图 6-8 所示。

步骤 05　单击已绘制的白色短线，按 Ctrl+D 快捷键 4 次，可直接复制出 4 条新的短线，如图 6-9 所示。

图 6-8

图 6-9

步骤 06　单击工具栏中的 按钮，将舞台最上面的短白线移动到舞台右侧，如图 6-10 所示。

步骤 07　按 Ctrl+K 快捷键，在"对齐"面板中取消选中"与舞台对齐"复选框，如图 6-11 所示。

图 6-10

图 6-11

步骤 08　框选所有白色线，单击"对齐"面板中的 按钮，再单击 按钮，使白线垂直中齐并水平居中分布，如图 6-12 所示。

步骤 09　如图 6-13 所示，在"属性"面板中单击 按钮，使 5 条短线合成统一的绘制对象属性图形。

步骤 10　选择白色线图形，按 Ctrl+D 快捷键，复制新的线，如图 6-14 所示。

步骤 11　全选所有线条（两条黄线及两条白线），选中"对齐"面板中的"与舞台对齐"复选框，在"对齐"面板中单击▣按钮，再次单击▤按钮，使所有线条以舞台为参考，水平中齐并垂直居中分布，如图 6-15 所示。

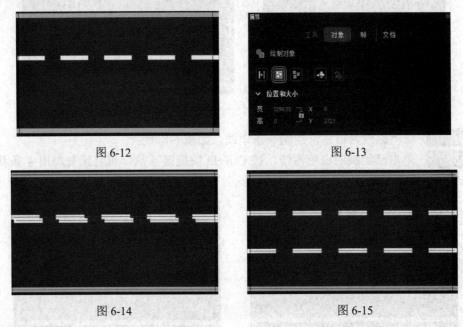

图 6-12　　　　　　　　　　　　　　　图 6-13

图 6-14　　　　　　　　　　　　　　　图 6-15

> **提示**
>
> 没有在样式中选择"虚线"是因为虚线的端点是圆弧形，如图 6-16 所示。
>
>
>
> 图 6-16

步骤 12　选择"直线工具"，选择菜单栏中的"窗口"→"画笔库"命令。

步骤 13　如图 6-17 所示，在"画笔库"面板中，单击 Arrows→Arrows Standard，双击 Arrow 1.09，改变笔触样式为"箭头"。

步骤 14　在舞台上按住 Shift 键绘制直线，样态为箭头状，调整"笔触大小"可改变箭头粗细，如图 6-18 所示。

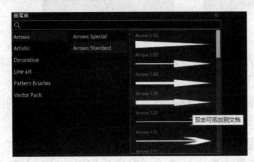

图 6-17

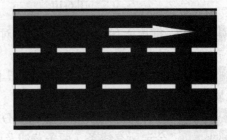

图 6-18

步骤 15　复制两个新的箭头并使用"对齐"面板排列整齐。

步骤 16　按 Ctrl+Shift+S 快捷键，另存为"马路线.fla"文件。

6.1.3　铅笔工具和画笔工具

"铅笔工具" ✐（快捷键为 Shift+Y）、"画笔工具" ✐（快捷键为 Y）与"线条工具"一样都可以绘制线条，对颜色的选择、线条粗细的设置等相同。

使用"铅笔工具"和"画笔工具"可以绘制更加自由的线条，"画笔工具"还可以使用数位板的压感功能更好地控制绘制的压力及角度。

在"铅笔工具"和"画笔工具"的子工具"铅笔模式"中可以选择以下 3 种绘制模式。

（1）伸直：绘制的线条锚点相对最少，线条有拐角时多呈现尖角。

（2）平滑：绘制的线条锚点相对较少，线条有拐角时多呈弧形。

（3）墨水：绘制的线条锚点多，线条呈现样态尽可能与绘制工具（鼠标）运动的轨迹一致。

提示

单击"选择工具"按钮选择已绘制出的线条，单击"选择工具"的子工具"平滑"或"伸直"可减少线条锚点，使线条平整。

6.1.4　钢笔工具组

工具栏中某些工具下方有三角提示，可以理解为一组相同类型的工具以组的形式存放。按住"钢笔工具"，如图 6-19 所示，将弹出其他同类型工具。

图 6-19

1．钢笔工具

（1）选择"钢笔工具"后，在舞台上多次单击形成线条，双击结束绘制。

（2）末端与起始点重合可得到封闭路径。

（3）若绘制曲线，可在下一次单击时拖动鼠标，此锚点与上一个锚点的线段会形成曲线。

（4）使用"钢笔工具"绘制的线条在颜色、大小、样式等设置上与"线条工具"一致。

（5）选择"钢笔工具"，按住 Alt 键，可以快速切换为"转换锚点工具"，松开 Alt键即可还原。

2．添加锚点工具

（1）在已绘制线条上单击，可添加新的锚点。

（2）选择"添加锚点工具"，按住 Alt 键，可以快速切换为"删除锚点工具"，松开 Alt 键即可还原。

3．删除锚点工具

（1）在已绘制线条锚点上单击，可删除此锚点。

（2）选择"删除锚点工具"，按住 Alt 键，可以快速切换为"添加锚点工具"，松开 Alt 键即可还原。

4．转换锚点工具

使用"转换锚点工具"可将已绘制线条改变样态，如圆角改变为直角、直线变弧线等操作。

6.1.5　实例——UI 桃心图标制作

如图 6-20 所示，通过实例进一步了解"钢笔工具"的使用方式，同时了解"网格"辅助功能以及"水平翻转"命令的使用。

图 6-20

步骤 01　单击"钢笔工具"或按 P 键，在"属性"面板中设置参数，如图 6-21 所示。

步骤 02　选择菜单栏中的"视图"→"网格"→"编辑网格"命令，在弹出的"网格"对话框中设置网格参数，如图 6-22 所示。

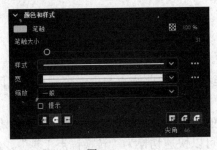

图 6-21

图 6-22

步骤 03　在舞台锚点 1 位置单击，移动鼠标到锚点 2 位置后单击并拖动，形成一段弧

线，移动到锚点 3 位置继续单击并拖动，在锚点 4 位置双击，绘制出半个桃心，如图 6-23
所示。

步骤 04 选择"转换锚点工具"，调整锚点 4 弧度。

步骤 05 单击"选择工具"，单击舞台图案。

步骤 06 单击"选择工具"下子工具⑤（平滑）或⌐（伸直）按钮，进一步修正图案，
不满意按 Ctrl+Z 快捷键，撤销重做直至完成，如图 6-24 所示。

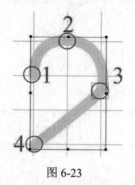 

图 6-23　　　　　　　　　　图 6-24

步骤 07 按住 Alt 键，将鼠标移动到图案上，当鼠标变为"十字花"状后拖动，可以
直接复制出新的图形，如图 6-25 所示，注意不要将新图形与之前图形有叠搭部分。

步骤 08 选择左侧图形，选择菜单栏中的"修改"→"变形"→"水平翻转"命令，
效果如图 6-26 所示。

图 6-25　　　　　　　　　　图 6-26

步骤 09 再次选择左侧图形，多次按键盘上的"上、下、左、右"键来调整位置，直
至两个图案合并。

步骤 10 按 Ctrl+Shift+S 快捷键，另存为"桃心.fla"文件。

6.1.6 宽度工具

"宽度工具"⚒（快捷键为 U）默认没有在工具栏中。

单击工具栏中的•••按钮，在弹出的"拖放工具"窗口中将⚒按钮拖放至工具栏中。

选择"宽度工具"，将鼠标移动到已绘制线条上需要变化的地方单击添加锚点并拖动，
可改变线条宽窄，如图 6-27 所示。

图 6-27

（1）可以添加多个锚点。

（2）选择已添加的锚点沿线条拖动，可以移动锚点位置。

（3）选择已添加的锚点，按 Delete 键可以删除。

6.1.7　其他可绘制的线条工具

如图 6-28 所示工具组也可用于绘制线条，线条为图形轮廓线，是封闭样态，如椭圆轮廓线。线条颜色、大小等设置与"线条工具"一致。

使用此工具组绘制时，单击子工具的▢填充色块，在弹出的"默认色板"中单击▨按钮，在舞台上绘制的图形只有线条（轮廓），如图 6-29 所示。

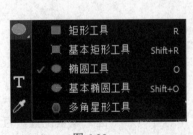

图 6-28

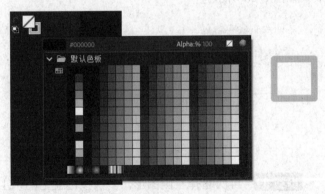

图 6-29

6.2　绘制图形工具介绍

本节将介绍可以绘制填充面的工具，如"传统画笔工具""流畅画笔工具"等，其中有些工具可同时绘制出面与线条，如"椭圆工具"，如图 6-30 所示，线条设置不再赘述。

图 6-30

6.2.1　传统画笔工具

"传统画笔工具" （快捷键为 B）类似绘画工作者使用的软笔，可以比较自由地绘制图形，颜色需要在"填充"中拾取。

如图 6-31 所示，图中潜水艇的高光、运动线等内容使用"传统画笔工具"所绘制，一般此工具与数位板共同使用。

1．颜色设置

（1）选择"传统画笔工具"，在下方子工具中单击"填充"色块▆，如图 6-32 所示，在弹出的"默认色板"中拾取颜色。"默认色板"的设置方式与线条（笔触）颜色一致。

图 6-31　　　　　　　　　　　　　图 6-32

（2）单击"属性"面板→"工具"→"填充"前方色块进行设置。

（3）选择菜单栏中的"窗口"→"颜色"命令，在弹出的"颜色"面板中进行设置。

2．使用数位板

在用户已安装数位板后可以选择"使用倾斜"▆和"使用压力"▆来控制压感力度及角度。

3．对象绘制模式

单击子工具中的▆按钮，所画图形为绘制对象属性，不选中此按钮则默认绘制形状属性。

4．画笔模式

单击子工具中的▆按钮，弹出"画笔模式"，有 5 种可选模式："标准绘画""仅绘制填充""后面绘制""颜色选择""内部绘制"，除"标准绘画"用于正常绘画外，其他模式用于在其他图形叠加绘制时使用，可参考本书"橡皮工具""橡皮擦模式"的使用方式。

5．画笔样式设置

如图 6-33 所示，可以在"属性"面板中单击"工具"→"传统画笔选项"▆（画笔类型）按钮选择画笔的形状；单击▆按钮，在弹出的"笔尖选项"对话框中可添加自定义画笔；单击 按钮，可删除自定义画笔；单击 按钮，可编辑自定义画笔。

图 6-33

6．画笔大小

拖动"属性"面板→"工具"→"传统画笔选项"→"大小"的滑块或在右侧数值框中输入精确数值，可以设定绘制图形的粗细。

7．画笔平滑度

平滑度的调整可改变图案边缘的细节，如图 6-34 所示。

图 6-34

6.2.2　流畅画笔工具

"流畅画笔工具" （快捷键为 Shift+B）的颜色设置、画笔模式与"传统画笔工具"一样，不同在于此工具对真实的画笔有更好的模拟感，可以通过"属性"面板设置画笔的形态、速度、锥度等，如图 6-35 所示。

图 6-35

6.2.3　矩形工具

"矩形工具" （快捷键为 R）所在工具组可以同时绘制出面与轮廓线，也可以根据使用者的需求指定只绘制线或面。按住 Shift 键，在舞台上拖动可绘制正方形；按住 Alt 键以心点绘制矩形。

1．轮廓线及填充面颜色设置

如图 6-36 所示，在"矩形工具"的子工具中分别单击"填充颜色""笔触颜色"的色块，在弹出的"默认色板"中拾取颜色，轮廓线设置与线条一致，这里不再赘述。

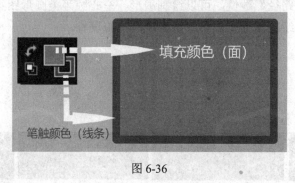

图 6-36

2．对象绘制模式

是否选择■按钮，主要区别在于属性的不同，与其他含有此模式的工具一致。

3．角的设置

在"属性"面板→"工具"→"矩形选项"中可以设置绘制的矩形边角形状。如图 6-37 所示，单击■按钮在右侧输入框中输入指定数值，可以整体控制 4 个角为弧形边角，或者单击■按钮，在右侧的 4 个输入框中分别输入指定数值，可以单独控制边角弧度。

图 6-37

绘制完成后角的弧度不可更改。

4．平滑与伸直

单击已绘制好的矩形图案，在"属性"面板→"对象"→"形状选项卡"中可使用"平滑""伸直"功能，使用方式与"选择工具"的子工具一致。

6.2.4　基本矩形工具

"基本矩形工具"■（快捷键为 Shift+R）与"矩形工具"面与轮廓线的设置基本一致，区别在于此工具绘制的图形为基本矩形属性，无法通过其他工具修改形态，同时可使用"选择工具"对已经绘制完成的图形边角拖动，再次更改角的弧度。

6.2.5　椭圆工具

　　"椭圆工具"▬（快捷键为 O）对颜色和样式的设置方法与"矩形工具"一致。此外，如图 6-38 所示，在"属性"面板→"工具"→"椭圆选项"中调整"开始角度""结束角度""内径""闭合路径"数值，可以绘制扇形、空心圆等类圆形图案，单击"重置"可恢复初始数值，对已绘制圆形无法修改角度及内径的设置。

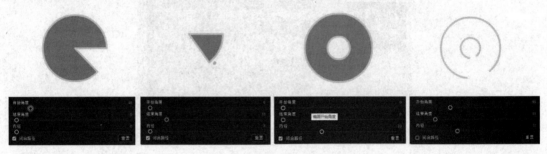

图 6-38

　　按住 Shift 键，在舞台上拖动可绘制正圆；按住 Alt 键以心点绘制圆形。

6.2.6　基本椭圆工具

　　"基本椭圆工具"▬（快捷键为 Shift+O）与"椭圆工具"面与轮廓线的设置基本一致，区别在于此工具绘制的图形为基本椭圆属性，无法通过其他工具修改形态，同时已经绘制完成的图形可以更改"开始角度""结束角度""内径""闭合路径"的数值。

6.2.7　多角星形工具

　　如图 6-39 所示，"多角星形工具"▬默认绘制的是多角形，在"属性"面板→"工具"→"工具选项"→"样式"下拉列表框中选择"星形"，可绘制五星图案，如图 6-40 所示。

图 6-39　　　　　　　　　图 6-40

　　调整"边数"数值可设置多边形或五星的边数，如图 6-41 所示。
　　调整"星形顶点大小"可改变五星内角大小，如图 6-42 所示。

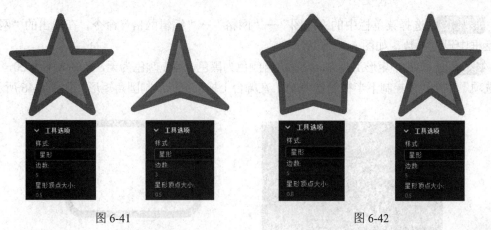

图 6-41　　　　　　　　　　　　　　　　　图 6-42

6.2.8　实例——UI 图标制作

如图 6-43 所示，本案例的制作为本章所介绍工具的综合性应用，同时也为后面制作动画建立画面素材，同时还介绍了"排列"命令、"变形"面板等功能。绘制相同的图形有多种方式，本书以介绍功能为主，未采用最便捷方式，读者可通过实践总结自己的使用习惯。

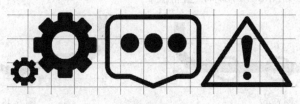

图 6-43

步骤 01　选择菜单栏中的"文件"→"新建"命令，在弹出的"新建文档"对话框中设置源文件参数，单击"创建"按钮，如图 6-44 所示。

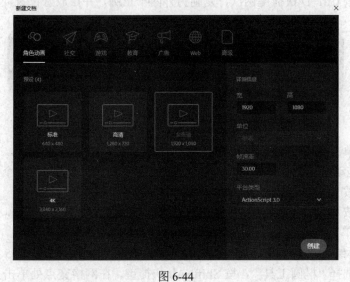

图 6-44

步骤 02　选择菜单栏中的"视图"→"网格"→"编辑网格"命令,在弹出的"网格"对话框中设置参数,如图 6-45 所示。

步骤 03　单击"矩形工具",设置笔触颜色为黑色,填充颜色为无,笔触大小为 20,"矩形选项"中全边角控制下半径设置为 45,在舞台上拖动鼠标绘制圆角矩形,如图 6-46 所示。

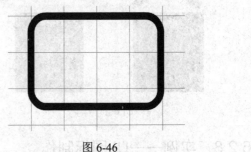

图 6-45　　　　　　　　　　　　　　　　　　图 6-46

步骤 04　按=键,使用"添加锚点工具"在已绘制矩形上连续单击 3 个锚点,如图 6-47 所示。

步骤 05　按 Shift+C 快捷键,使用"转换锚点工具"单击舞台新添加的中间锚点,连续按键盘向下键,在如图 6-48 所示位置停止。

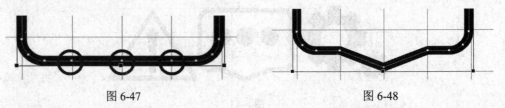

图 6-47　　　　　　　　　　　　　　　　　　图 6-48

步骤 06　单击"椭圆工具",设置笔触颜色为无,填充颜色为黑色,单击子工具中的◙按钮,按住 Shift 键,在舞台上拖动鼠标,绘制正圆,如图 6-49 所示。

步骤 07　按 Ctrl+D 快捷键两次,复制另外两个正圆,并摆放好位置,如图 6-50 所示。

图 6-49　　　　　　　　　　　　　　　　　　图 6-50

步骤 08　单击◙按钮,在"属性"面板中设置参数,如图 6-51 所示。
在舞台上拖动鼠标绘制一个三角形,如图 6-52 所示,注意应与上一个图形进行对比。

步骤 09　按 N 键,绘制一条直线,如图 6-53 所示。

步骤 10　按 U 键,将鼠标移动到短线最上端,使用"宽度工具"拖动,如图 6-54 所示。

步骤 11　单击"椭圆工具",设置笔触颜色为无,填充颜色为黑色,按住 Shift 键在舞台上拖动鼠标绘制正圆,并对绘制的正圆调整位置直至满意,如图 6-55 所示。

步骤 12　选择"椭圆工具",按 Shift+Alt 快捷键,在网格交点处单击并拖动鼠标,以心点绘制正圆，圆的大小如图 6-56 所示。

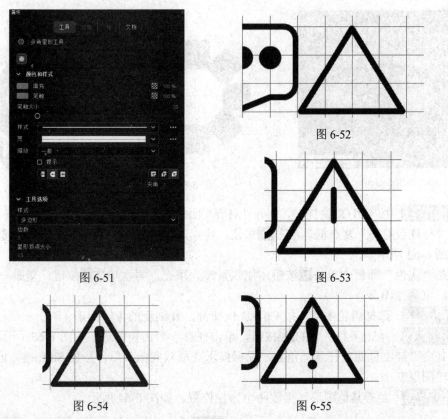

图 6-51

图 6-52

图 6-53

图 6-54

图 6-55

步骤 13　选择"基本矩形工具"，设置笔触颜色为黑色，填充颜色为黑色，在舞台上绘制矩形，可用"选择工具"调整边角弧度，如图 6-57 所示，在"属性"面板中单击 按钮，使矩形变成绘制对象。

步骤 14　单击工具栏中的 按钮，再单击矩形，将中心点（白色）移动到上方圆形的中心位置，如图 6-58 所示。

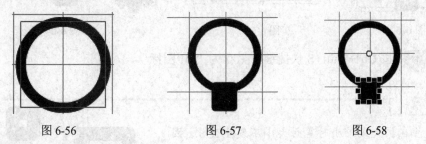

图 6-56

图 6-57

图 6-58

步骤 15　确保矩形被选择，按 Ctrl+T 快捷键，打开"变形"面板。如图 6-59 所示，在"旋转"输入框中输入 45，连续单击"变形"面板下方的 按钮，创建一组以圆形的中心点为中心并环绕圆形一周的矩形组，如图 6-60 所示。

步骤 16　单击"选择工具"，按住 Shift 键，连续单击所有矩形，在"属性"面板中单击 按钮，使所有矩形变成一个绘制对象属性图形。拖动矩形环到旁边，选择正圆图形，在"属性"面板中加大线条笔触大小，效果如图 6-61 所示。

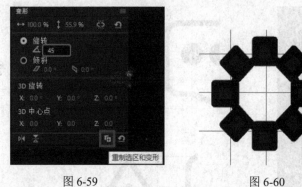 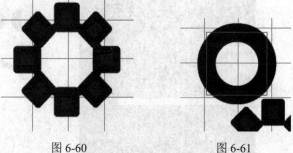

图 6-59　　　　　　　　　　　　图 6-60　　　　　　　　　　　　图 6-61

步骤 17　按 Ctrl+K 快捷键，打开"对齐"面板。选择圆与矩形环，在"对齐"面板中，不选"与舞台对齐"复选框，单击▣按钮，再单击▣按钮，将两个图形变成同心图形，效果如图 6-62 所示。

在"属性"面板中单击▣按钮，使线条转为填充，再次单击▣按钮，变成一个齿轮形绘制对象属性图形。

步骤 18　选择齿轮图形，按 Ctrl+D 快捷键，复制新的齿轮图形。

步骤 19　单击工具栏中的▣按钮，单击任意一个齿轮图形，如图 6-63 所示，将鼠标移动到变形控制框四角任意一角上，鼠标提示变成双向箭头后，按住 Shift 键，向内拖动，使齿轮图形变小。

步骤 20　参考其他图形，摆放两个齿轮位置，如图 6-64 所示。

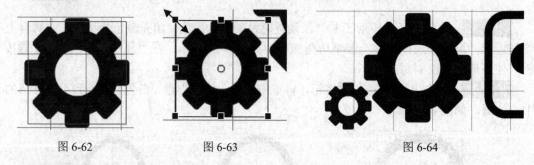

图 6-62　　　　　　　　　　　　图 6-63　　　　　　　　　　　　图 6-64

步骤 21　按 Ctrl+Shift+S 快捷键，另存为"UI 图标"。

提示

　　线条在扩大或缩小时笔触大小不发生变化，因此当将线条绘制的图形缩小时，看上去线条像有加粗效果，使用"扩展以填充"功能可将"线条"改成"面"，以保证图形在放大缩小时的整体性，如图 6-65 所示。

图 6-65

6.2.9 滴管工具

使用"滴管工具" ✐ (快捷键为 I)可以拾取笔触颜色及填充颜色,在线条上吸取颜色后会自动转换为"墨水瓶工具",以辅助用户为其他填充面添加轮廓线,同样吸取填充颜色后会自动切换为"颜料桶工具",为封闭区域的线条添加填充面。

6.2.10 墨水瓶工具

"墨水瓶工具" ✐ (快捷键为 S)是为填充面添加轮廓线的工具。选择此工具后,单击笔触颜色,在弹出的"默认色板"中选择颜色后将鼠标移动到填充面上任意位置单击,会为当前填充面添加轮廓线,如图 6-66 所示;将鼠标移动到填充面边缘单击,只在边缘添加轮廓线,如图 6-67 所示。不同填充面需要单击多次,轮廓线颜色、线条样式等设置同"线条工具"。

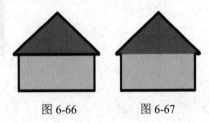

图 6-66   图 6-67

6.2.11 颜料桶工具

使用"颜料桶工具" ◢ (快捷键为 K)可以对基本封闭的空间填满"面"。

1. 颜色设置

单击填充颜色色块,可在弹出的"默认色板"中设置颜色;也可在"属性"面板或者"颜色"面板中设置颜色。

2. 间隙大小

以轮廓线封闭程度不同区分,用户可选择从完全封闭到较大缝隙状态为允许填充程度。

3. 锁定填充

在填充非纯色样式时(如线性填充)选择◼按钮,连续单击不相连的填充面仍被认为是统一的填充空间,如图 6-68 所示;不选择◼按钮,会认为是每一不相连的填充面为单独填充空间,如图 6-69 所示。

图 6-68   图 6-69

6.2.12 渐变变形工具

"渐变变形工具" ◼ (快捷键为 F)用来调整非纯色填充图形的渐变范围

大小、角度、位置等效果的工具。

1. 调整线性渐变图形

如图 6-70 所示为使用"渐变变形工具"调整线性渐变图形方式。

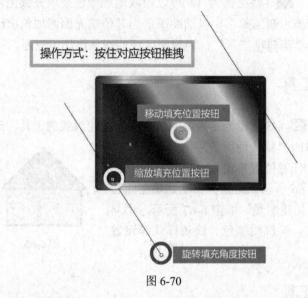

图 6-70

2. 调整径向渐变图形

如图 6-71 所示为使用"渐变变形工具"调整径向渐变图形方式。

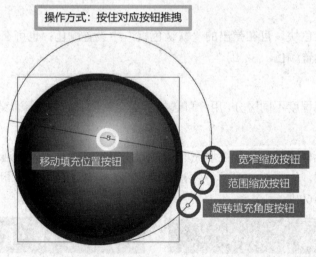

图 6-71

3. 调整位图填充图形

导入外部图片素材后，可用于位图填充，使用"渐变变形工具"调整方式，如图 6-72 所示。

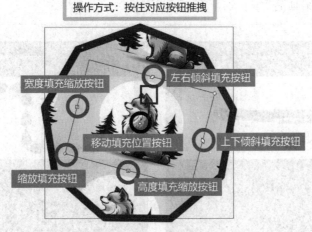

图 6-72

6.3 创建画笔功能介绍

本节主要介绍填充（面）转为笔触（线）的方法。

6.3.1 创建画笔方法

使用绘制图形的工具，在舞台上绘制形状属性的图形，单击"属性"面板中的 按钮，或者在此图形上右击，在弹出的快捷菜单中选择"创建画笔"命令，在弹出的"画笔选项"对话框中完成参数设置，单击"添加"按钮，便可以使用能够绘制出线条的工具绘制刚刚自定义的画笔样式的线条（"铅笔工具"除外，它只能使用基本的笔触样式）。

6.3.2 创建画笔类型

1. 艺术画笔

可沿路径绘制一个图形，然后将其拉伸至整个长度。如图 6-73 所示，在"画笔选项"对话框的"类型"下拉列表框中选择"艺术画笔"。

（1）名称：指定所选画笔的名称。

（2）按比例缩放：将艺术画笔按笔触长度的一定比例缩放。

（3）拉伸以适合笔触长度：拉伸艺术画笔以适合笔触长度。

（4）在辅助线之间拉伸：只拉伸位于辅助线之间的艺术画笔区域。"艺术画笔"的头尾部分适用于所有笔触，不会被拉伸。

2. 图案画笔

可沿同一路径重复绘制图形，如图 6-74 所示，在"画笔选项"对话框的"类型"下拉列表框中选择"图案画笔"。

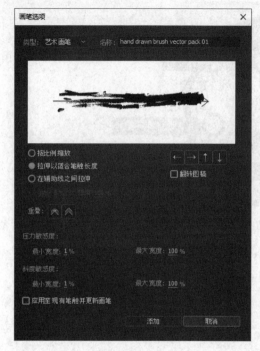

图 6-73

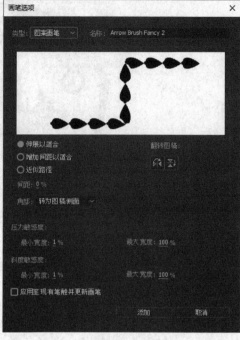

图 6-74

（1）名称：指定所选画笔的名称。

（2）拉伸以适合、增加间距以适合、近似路径：这些选项指定如何沿笔触应用图案拼块。

（3）翻转图稿：翻转所选图案（水平或垂直）。

（4）间距：在不同片段的图案之间设置距离（默认值为 0）。

（5）角部：根据所选设置自动生成角部拼块指中间、侧面、切片和重叠（默认选项是侧面）。

（6）应用至现有笔触并更新画笔：允许使用指定设置创建一个新的画笔。

6.3.3　实例——MG 动画：自定义线条样式

通过实例练习，进一步了解创建画笔的功能，为创作动画拓展思路。

步骤 01　选择"多角星形工具"，在"属性"面板中设置参数，如图 6-75 所示。

步骤 02　在舞台上绘制五角星图形，右击图形，在弹出的快捷菜单中选择"创建画笔"命令，弹出"画笔选项"对话框。

步骤 03　在"类型"下拉列表框中选择"艺术画笔"选项，参数设置如图 6-76 所示，选择"图案画笔"选项，参数设置如图 6-77 所示。读者可根据需要修改其他参数。

步骤 04　图形转为线条后使用"线条工具"绘制直线并用"选择工具"将线条修改成弧线效果，如图 6-78 所示。

图 6-75

图 6-76

图 6-77

正常线条

艺术画笔类型线条

图案画笔类型线条

图 6-78

第 7 章　图形的选取及修改

本章将详细介绍所有选择、修改工具以及相关命令的使用，理解图形不同属性的特点，需要读者仔细解读并多做练习。

7.1　选　取　工　具

本节将介绍如何选取图形部分内容的方式，通过举例说明相关工具的使用。

7.1.1　套索工具

使用"套索工具" （快捷键为 L）在舞台的图形上拖动鼠标选取部分内容后释放。

如图 7-1 所示，使用"套索工具"选取形状属性图形的部分内容后释放鼠标，被选择部分以密集点为提示；使用"套索工具"选取非形状属性的图形时，即便只是选择图形部分内容，该图形也会全部被选中。

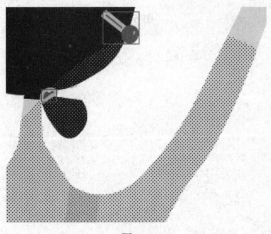

图 7-1

7.1.2　多边形工具

使用"多边形工具" （快捷键为 Shift+L）在舞台上连续单击形成一个封闭区域后双击结束，可将形状属性图形部分选取，或将其他属性图形整体选中。

7.1.3　魔术棒工具

使用"魔术棒工具" ✦ 可以将舞台上同图层的相同颜色区域选中，一般用于外导入素材的修改。调整"属性"面板中的"阈值"滑块可以控制可选色彩区域的范围。

如图 7-2 所示，位图导入后需要先执行"分离"命令才可以使用"魔术棒工具"，阈值根据导入的位图不同按实际情况进行调整。

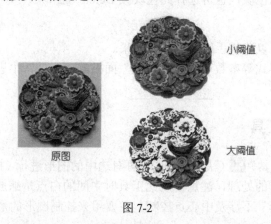

图 7-2

7.2　修　改　工　具

本节将介绍对已绘制的图形进行修改的方法及相关工具介绍。

7.2.1　橡皮工具

使用"橡皮工具" ◆ （快捷键为 E）可对形状、绘制对象属性的图形进行擦除。

1．橡皮擦模式

如图 7-3 所示，按形状属性图形擦除来演示。

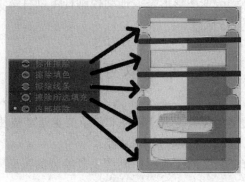

图 7-3

（1）标准擦除：填充及笔触都可以擦除。

（2）擦除填色：只擦除填充颜色。

（3）擦除线条：只擦除笔触颜色。

（4）擦除所选填充：只对选区内容擦除。

（5）内部擦除：鼠标起点开始擦除，只擦除同区域部分。

2．水龙头

整体消除相同颜色色块，也可选择此色块按 Delete 键删除。

3．压力及斜度

可配合数位板使用以获得手绘感的擦拭效果。

此外橡皮大小、样式等参数可以在"属性"面板的"工具"中进行调整，与"传统画笔工具"相似。

7.2.2　任意变形工具

使用"任意变形工具" （快捷键为 Q）可对选中的图形进行（按 Shift 键等比）缩放、倾斜、旋转、封套变形的处理，注意使用此工具时中间的白点是缩放、倾斜、旋转的中心点。"扭曲"与"封套"不涉及中心点控制，主要用来控制图形的形变，如图 7-4 所示。

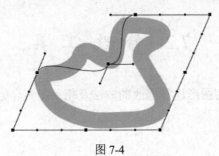

图 7-4

7.2.3　部分选取工具

使用"部分选取工具" ▶（快捷键为 A）可以直接选取形状、绘制对象属性图形上的锚点，通过拖动改变图形形态；拖动控制杆可以将两个锚点之间的线段改为曲线；按住 Alt 键可拖动单边控制杆。

7.3　可选取可修改工具

"选择工具"（快捷键为 V）是 AN 软件非常重要也是常被使用到的工具，单击鼠标时为选择功能，拖动鼠标时为移动功能。

此外还可使用"选择工具"对工具栏中制图工具绘制的图形（形状、绘制对象属性）样态进行修改。

7.3.1　修改图形边缘方法

如图 7-5 所示，选择"选择工具"，将鼠标放在舞台中椭圆边缘，鼠标变为"箭头+圆弧"状，向上拖动一点并释放鼠标可改变图形形态。

7.3.2　修改图形边角方法

如图 7-6 所示，选择"选择工具"，将鼠标放在舞台中图形边角处，鼠标变为"箭头+直角"状，向右拖动一点并释放鼠标可改变图形边角位置。

7.3.3　添加新锚点修改图形

选择"选择工具"，将鼠标移放在图形边缘，当鼠标变为"箭头+圆弧"状时，按住 Alt 键或 Ctrl 键同时拖动鼠标，可以添加新的锚点以修改图形。如图 7-7 所示，用此方法为椭圆添加两个锚点可以将圆形改变成桃心样态。

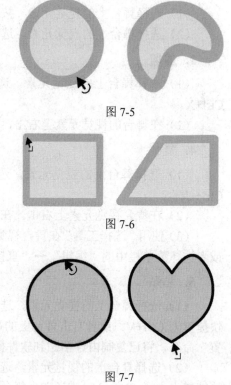

图 7-5

图 7-6

图 7-7

7.3.4　直接复制图形

选择"选择工具"，将鼠标移放在形状或绘制对象属性的图形上，当鼠标变为"箭头+十字花"时，按住 Alt 键同时拖动鼠标，可以直接复制新的图形。

7.4　多图形处理方式

本节介绍控制图形的基本命令及多个图形叠搭时空间调整、组合等相关功能。

7.4.1　基本处理功能

视觉元素包括静态图形、动态影像（如动态元件）等舞台所有可视内容。

1．移动

（1）使用"选择工具"拖动舞台上视觉元素。

（2）选择舞台上的视觉元素，按键盘的"上、下、左、右"键移动。

2．删除

（1）选择舞台上的视觉元素，按 Delete 键删除。

（2）选择舞台上的视觉元素，选择菜单栏中的"编辑"→"清除"命令。

3．剪切

（1）选择舞台上的视觉元素，选择菜单栏中的"编辑"→"剪切"命令，快捷键为 Ctrl+X。

（2）在舞台的视觉元素上右击，在弹出的快捷菜单中选择"剪切"命令。

4．复制

（1）选择舞台上的视觉元素，选择菜单栏中的"编辑"→"复制"命令，快捷键为 Ctrl+C。

（2）在舞台视觉元素上右击，在弹出的快捷菜单中选择"复制"命令。

（3）使用"选择工具"在舞台视觉元素上拖动，可直接复制新图形，快捷键为 Ctrl+D，或者选择菜单栏中的"编辑"→"直接复制"命令。

5．粘贴

（1）选择舞台上的视觉元素，选择菜单栏中的"编辑"→"粘贴到中心位置"命令，快捷键为 Ctrl+V，或者右击舞台上的视觉元素，在弹出的快捷菜单中选择"粘贴到中心位置"命令，将已复制内容粘贴到软件操作区域中间位置。

（2）选择舞台上的视觉元素，选择菜单栏中的"编辑"→"粘贴到当前位置"命令，快捷键为 Ctrl+Shift+V，或者右击舞台上的视觉元素，在弹出的快捷菜单中选择"粘贴到当前位置"命令，将已复制的内容粘贴到剪切原位置，一般用于对不同图层的复制和粘贴。

6．重新操作

（1）选择菜单栏中的"编辑"→"撤销"命令，快捷键为 Ctrl+Z，即回退上一步操作。

（2）选择菜单栏中的"编辑"→"重做"命令，快捷键为 Ctrl+Y，即回退上一次撤销命令。

7．全选及反选

（1）选择菜单栏中的"编辑"→"全选"命令，快捷键为 Ctrl+A，全选未锁定图层所有图形；选择菜单栏中的"编辑"→"取消全选"命令，快捷键为 Ctrl+Shift+A，可取消全选。

（2）在已选择部分视觉元素下，选择菜单栏中的"编辑"→"反转选区"命令，可反选舞台上其他内容。

7.4.2　图形属性及转换方法介绍

1．形状

（1）该属性为 AN 软件最基本的属性，可以用于"创建补间形状"动画的制作。

（2）形状属性图形可以被修改形态，包括"填充"（面）及"笔触"（线条）两部分。当面都是形状属性时，两个以上不同颜色的图形叠在一起可以覆盖切割，而同样颜色的图形会粘贴在一起。当线条都是形状属性时，叠在一起的线条相互切割。当面和线条都是形状属性时，面移动到线条上，覆盖线条，线条移动到面上，可切割面，如图 7-8 所示。

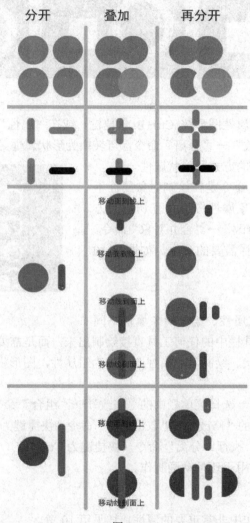

图 7-8

（3）选中形状属性图形后，在"属性"面板中单击■按钮，可将图形转换为绘制对象属性。选择形状属性图形，按 Ctrl+G 快捷键或者选择菜单栏中的"修改"→"组合"命令，可将图形转换为组属性。

（4）选择形状属性图形，按 F8 键，可转换为元件（在对话框中可选择元件类型），或对需要转换的形状属性图形右击后操作上述步骤，也可选择菜单栏中的"修改"→"转换为元件"命令，或在"属性"面板中单击■按钮。

2．绘制对象

（1）该属性可以理解为形状属性的延展，绘制对象属性的图形可以被修改形状的同时用于"创建补间形状动画"的制作，同时兼具组属性的特点，图形之间叠搭不会相互切割、融合，如图 7-9 所示。

图 7-9

（2）选择绘制对象属性图形按 Ctrl+B 快捷键，或在"属性"面板中单击■按钮，或者选择菜单栏中的"修改"→"分离"命令，可转换为形状属性。

（3）转成组及元件的方式同形状属性一致。

（4）"合并对象"命令是在绘制对象属性不变情况下，两个绘制对象属性图形相互切割的方法。选择菜单栏中的"修改"→"合并对象"命令，在弹出的子菜单中可选择需要的命令，如图 7-10 所示。

图 7-10

3．组

（1）组属性与形状属性、绘制对象属性不同在于它不能直接通过工具栏中的任何工具直接绘制出来，而是需要通过命令将选择视觉元素转成组属性。若将形状、绘制对象属性图形转为组属性，图形将不能进行形态的修改，但可以缩放、压扁拉伸。

（2）选择视觉元素，选择菜单栏中的"修改"→"组合"命令（快捷键为 Ctrl+G）。

（3）选择菜单栏中的"修改"→"取消组合"命令（快捷键为 Ctrl+Shift+G）或在"属性"面板中单击■按钮，执行"分离"命令（快捷键为 Ctrl+B），可将已建的组拆分。

（4）组属性图形常用于逐帧动画制作。

4．元件

元件属性是动画制作中非常重要的属性，详见第 10 章。

5．基本椭圆及基本矩形

由"基本椭圆工具""基本矩形工具"绘制的图形，不能直接改变形态，可以转换为形状属性或绘制对象属性后再对图形进行修改。

7.4.3　图形排列

同一图层中有多个非形状属性的图形叠搭时，新建立的绘制对象属性图形或新转为组、元件的图形在其他图形上方。

可执行菜单"修改"→"排列"中的相关命令或对应的快捷键调整选中的图形与其他图形之间的上下关系，也可右击某图形，在弹出的快捷菜单中选择"排列"中的对应命令。

> **提示**
>
> 同一图层即使已有多个图形新绘制的形状属性图形也会在其他属性图形下方。

7.4.4　"对齐"面板

右击视觉元素，在弹出的快捷菜单中选择"对齐"中对应的命令；或者选择需要对齐的视觉元素，再选择菜单栏中的"修改"→"对齐"中对应的命令；或者选择菜单栏中的"窗口"→"对齐"命令（快捷键为 Ctrl+K），在弹出的"对齐"面板中可做相关操作。例如，可对同一图层或不同图层的视觉元素进行对齐，可以以舞台范围为参考，也可以视觉元素之间进行相互参考，根据实际情况进行选择。

7.4.5　实例——MG 动画：越野车绘制

如图 7-11 所示，本案例的制作为本章所介绍内容的综合性应用，为制作较复杂图形提供思路。本小节绘制内容的颜色、样式细节等仅供参考，读者可以自行指定，最终所得图形为后续章节案例制作动画部分的画面素材，可保存好源文件。

图 7-11

步骤 01　按 Ctrl+N 快捷键，弹出"新建文档"对话框，设置"帧速率"为 24，"宽"为 1280，"高"为 720，单击"创建"按钮。按 Ctrl+J 快捷键，在弹出的"文档设置"对话框中将舞台颜色改为浅灰色，以方便绘制白色图形。

步骤 02　按 Ctrl+S 快捷键，在弹出的"另存为"对话框中指定存储路径及名称（越野车），单击"保存"按钮。

步骤 03　绘制车的轮胎。按 O 键，单击子工具"对象绘制"按钮，使绘制出来的圆形均为绘制对象属性。然后调整填充颜色、笔触样式等内容，绘制不同大小的正圆形，可使用"对齐"面板对齐图形，大小不合适可使用"任意变形工具"调整，最终将图形汇总为车轮图形，如图 7-12 所示。

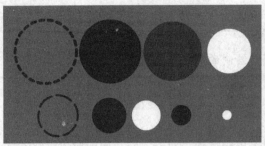

图 7-12

步骤 04　全选所有圆形，按 Ctrl+G 快捷键，将车轮图形转为一个组。

提示

转成组的图形样态不会被误改。

步骤 05　绘制备胎图形。选择菜单栏中的"视图"→"标尺"命令，鼠标从上标尺处拖出两条线放在车轮的上、下处，如图 7-13 所示。

步骤 06　按 Shift+R 快捷键，参考车轮直径高度绘制一个基本矩形，填充颜色同车轮轮胎颜色一致，无笔触颜色，边角半径设置为 25，如图 7-14 所示。

图 7-13　　　　　　　　　　　　　　　图 7-14

步骤 07　按 N 键，线条端点改为矩形端点，尖角连接，笔触大小设置为 4，笔触颜色同轮胎外轮廓线颜色一致，如图 7-15 所示，绘制一条短线。

步骤 08　按 Ctrl+D 快捷键，右击新复制的短线，在弹出的快捷菜单中选择"变形"→"水平翻转"命令，按键盘上的"上、下、左、右"键调整位置直至如图 7-16 所示。

步骤 09　全选两条短线，在"属性"面板中单击█按钮，将线条转为填充面。使用"选择工具"分别框选图形中多余部分并按 Delete 键删除（见图 7-17），单击留下部分，然后按 Ctrl+G 快捷键，如图 7-18 所示。

步骤 10　选择刚绘制的图形，按 Ctrl+D 快捷键 6 次，如图 7-19 所示摆放图形，完成后可使用"对齐"面板对图形进一步对齐。

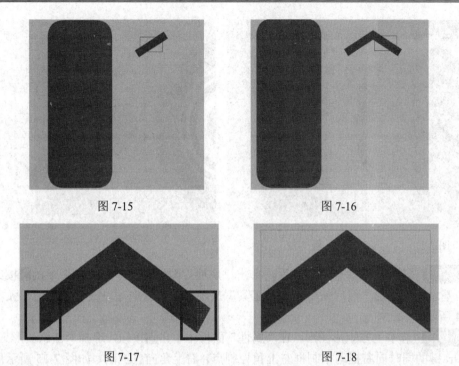

图 7-15　　　　　　　　　　　　　　　　　图 7-16

图 7-17　　　　　　　　　　　　　　　　　图 7-18

步骤 11　连续按 Ctrl+B 快捷键两次，将所有短线转为形状属性，按 Ctrl+G 快捷键，将图形转成一个组并移动到轮胎图形上，使用"对齐"面板将轮胎及轮胎线图形居中对齐，如图 7-20 所示。

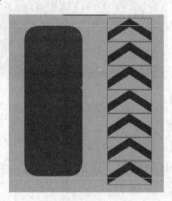 

图 7-19　　　　　　　　　　　　　　　　图 7-20

步骤 12　在轮胎线上双击，进入组的内部。如图 7-21 所示，组内的图形为形状属性，可使用"多边形工具"选择不需要的地方，按 Delete 键删除。完成后单击"场景 1"或在非图形处双击，退回到舞台上，如图 7-22 所示。

步骤 13　使用"基本矩形工具"，设置不同的颜色及边角半径，如图 7-23 所示，绘制备胎图形其他部分。若图层叠搭关系有误，选择需调整图形，然后按 Ctrl+↑ 或 Ctrl+↓ 快捷键调整上下关系。

图 7-21　　　　　　　　　图 7-22　　　　　　　　　　　　　　图 7-23

步骤 14　选择"基本矩形工具"，单击"属性"面板→"矩形选项"下的◨按钮，绘制 3 个基本矩形图形，然后使用"选择工具"在图形边缘处拖动以改变图形边角弧度，如图 7-24 所示。

步骤 15　选中上方矩形图形，在"属性"面板中单击◨按钮，选择"任意变形工具"，按住 Ctrl 键的同时向右拖动控制框左上角控制点，右上角向左拖动，如图 7-25 所示形成梯形样态。

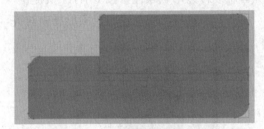 

图 7-24　　　　　　　　　　　　　　　　　　图 7-25

步骤 16　全选 3 个图形，按 Ctrl+B 快捷键。

步骤 17　使用"选择工具"调整车盖坡度，删除多余部分。

步骤 18　使用标尺拖出辅助线。按 Shift+L 快捷键，做出车顶选区，将选区的填充颜色改为灰色，如图 7-26 所示。

步骤 19　单击"线条工具"，不选中◨按钮，绘制线条（贯穿车身），如图 7-27 所示。

 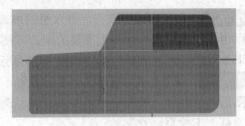

图 7-26　　　　　　　　　　　　　　　　　图 7-27

步骤 20 选择"颜料桶工具",单击填充颜色色块,在弹出的"默认色板"中单击■按钮,在弹出的"颜色选择器"对话框中吸取亮度更高的土橘色。在车的上半部分(车顶除外)连续单击,使此部分颜色更亮些,如图 7-28 所示。然后,删除多余线条。

图 7-28

步骤 21 绘制车玻璃。拖曳标尺的辅助线,使用"多边形工具",如图 7-29 所示,分别选取玻璃部分的选区,按 Delete 键删除。

步骤 22 选择"颜料桶工具",填充颜色设置为半透明蓝色,单击镂空处。使用"选择工具"按住 Shift 键,依次单击 3 块玻璃图形,按 Ctrl+G 快捷键。

步骤 23 双击玻璃图形任意位置,进入组内。按住 Shift 键,如图 7-30 所示,使用"多边形工具"选出两个选区,填充颜色改为半透明白色,单击"场景 1"退回到舞台。

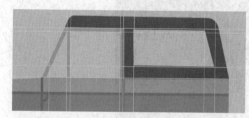 

图 7-29   图 7-30

步骤 24 车头灯使用"基本矩形工具"绘制。车尾灯可使用"选择工具"框选一部分内容并将填充颜色改为红色,再框选一部分内容,使用"任意变形工具"拉长选区,如图 7-31 所示,注意心点的位置。

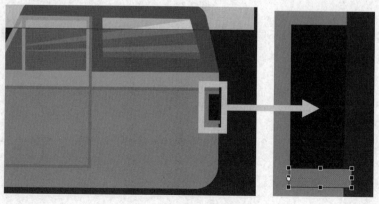

图 7-31

步骤 25 根据形状属性图形特性,如图 7-32 所示逐步修改车身形态直至完成。

图 7-32

步骤 26 全选车身图形，在"属性"面板中单击▣按钮，将车身所用线条转为填充，确保缩放同步，按 Ctrl+G 快捷键将车身组合。

步骤 27 按上述步骤使用制图工具将车身图形的其他部分绘制出来。

如图 7-33 所示，每一部分需要单独转成组属性，可按 Ctrl+↑或 Ctrl+↓快捷键调整图形间叠搭关系，另一个车轮可直接复制出来。

图 7-33

通过本案例的制作可了解不同属性的特点，制作方法不是唯一，读者可根据自己的绘图习惯选择适合自己使用的工具。

第8章 时间轴与基础动画制作

如图 8-1 所示，"时间轴"面板是动画制作必用部分，所有动画效果的实现都是通过有连续性且不同的画面沿时间顺序播放而来，本章将详细介绍帧、图层等相关内容，以实例方式带入实际应用场景中。

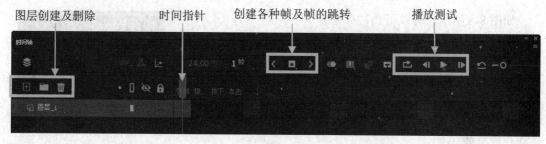

图 8-1

8.1 帧 的 介 绍

不同帧的类型在动画中起到不同的作用，本节将详细介绍有关帧的类型。

8.1.1 自动关键帧

按住"时间轴"面板中的 按钮，在弹窗中查看"自动关键帧"功能，默认为选中状态，单击"自动关键帧"按钮，将此功能关闭。

"自动关键帧"功能是用户在使用软件过程中，修改所在时间点舞台上的内容，软件将自动创建关键帧。

对初学者而言此功能可能产生更多问题，建议改为不选中状态，如图 8-2 所示。

8.1.2 帧的显示

图 8-2

"时间轴"面板的预览方式可以从标准转换成缩略图，单击右上角的 ■ 按钮，在弹窗中更改显示方式，如图 8-3 所示。

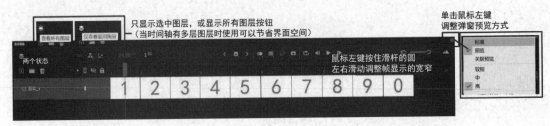

图 8-3

8.1.3 帧的不同类型

如图 8-4 所示，有以下 3 种类型。

（1）关键帧：以实心黑点表示，快捷键为 F6。每一个关键帧承载内容与其他关键帧不同。

（2）帧（普通帧）：快捷键为 F5，不制作动画时，是对上一个关键帧及空白关键帧时间的延续，帧越多，一个画面保持的时间就越长；如果做补间动画，帧就是两个关键帧的变化部分。

图 8-4

（3）空白关键帧：用空心圆点表示，快捷键为 F7。可理解为新的但没有任何内容的空白画面。

8.1.4 帧的常用命令

1. 创建帧的方法

（1）使用快捷键创建不同类型的方法：关键帧，快捷键为 F6；空白关键帧，快捷键为 F7；帧，快捷键为 F5。

（2）在"时间轴"面板的时间点上右击，在弹窗中选择对应的帧单击。

（3）可以长按"时间轴"面板上的■按钮，在弹窗中选择需要创建的帧类型，会保留上次选择的帧类型，再次使用相同操作可直接单击。

（4）在菜单栏中的"插入"→"时间轴"中选择需要的帧类型（不常用）。

2. 选择帧

（1）选择一个帧：使用"选择工具"单击一个帧，底色变为蓝色表示处于选中状态。

（2）选择多个帧。

❑ 若所选的帧为关键帧（空白关键帧）加若干普通帧构成的时间条，双击其中任意帧可选择此时间条所用帧，如图 8-5 所示。

❑ 单击图层名称可选择此图层所有帧，如图 8-6 所示。

图 8-5　　　　　　　　　　　　　　　　图 8-6

❑ 按住 Shift 键单击需要选择时间段的头、尾帧或使用"选择工具"在需要选择的时间区域拖动，可以选出部分时间段的帧，如图 8-7 所示。
❑ 按住 Ctrl 键，连续单击不同的帧，可以跳选部分帧，如图 8-8 所示。

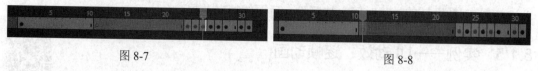

图 8-7 图 8-8

（3）选择"时间轴"面板所有帧：选择菜单栏中的"编辑"→"时间轴"→"选择所有帧"命令，或者右击任意时间点，在弹出的快捷菜单中选择"选择所有帧"命令（快捷键为 Ctrl+Alt+A），如图 8-9 所示。

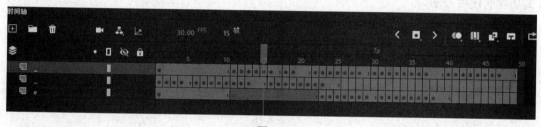

图 8-9

3．移动帧

使用"选择工具"拖动已选帧到其他时间位置。

4．剪切、粘贴及复制帧

（1）右击已选择的帧，在弹出的快捷菜单中选择"剪切帧"命令，剪切的帧暂时存放在剪贴板中。

（2）右击新的时间点，在弹出的快捷菜单中选择"粘贴帧"命令可将剪贴板中暂存的帧放置到新的时间位置。

（3）右击已选择的帧，在弹出的快捷菜单中选择"复制帧"命令，在新的时间点上右击，在弹出的快捷菜单中选择"粘贴帧"命令，即可完成对帧的复制。

（4）按住 Alt 键，对已经选择的帧拖动并释放到新的时间点，是直接复制帧的方法。

> **提示**
>
> "粘贴并覆盖帧"命令与"粘贴帧"命令区别在于，若在某动画中间部分进行粘贴，"粘贴并覆盖帧"将替换原有时间的帧，"粘贴帧"是在选择的时间点插入复制内容。

5．清除、删除帧

（1）清除帧。

❑ 右击已选择的帧，在弹出的快捷菜单中选择"清除关键帧"命令（快捷键为 Shift+F6），可将所选关键帧清除。

❑ 右击已选择的帧，在弹出的快捷菜单中选择"清除帧"命令（快捷键为 Alt+ Backspace），选择的帧会将变为空白关键帧。

（2）删除帧：右击已选择的帧，在弹出的快捷菜单中选择"删除帧"命令（快捷键为 Shift+F5），此区域的帧（时间）被删除，后面的帧向前提。

8.1.5　实例——UI 动效：逐帧动画

本小节将之前案例中已绘制的 UI 图标中"对话框"图形制作为动态效果，通过逐帧动画效果的制作，进一步了解帧的作用，完善实战关联性，如图 8-10 所示，同时介绍播放测试功能的使用方法。

图 8-10

> **提示**
>
> 　　动画是帧的艺术，通常 1 秒需要绘制 24 张有联系且不同的画面。逐帧动画是动画制作的传统方法，即动画在"时间轴"面板上的每一个变化过程均需要制作者绘制完成，如图 8-11 所示。
>
>
>
> 图 8-11
>
> 　　一般在制作复杂图形动态效果时要考虑提高制作效率等问题，会按照图形的动态节奏将图形拆分到不同图层，如图 8-12 所示，人物腿为逐帧"关键帧"绘制，人的影子根据步伐节奏的变化在第 2～6 帧保持不动，用一张画面代替 5 格的时间，也就是常说的 1 拍几。

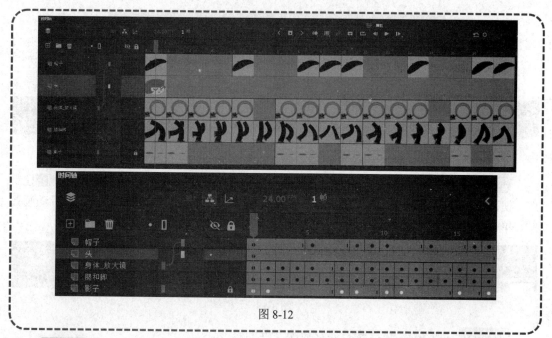

图 8-12

步骤 01　按 Ctrl+O 快捷键，在弹出的"打开"对话框中选择随书附赠的"UI 图标"源文件，单击"打开"按钮。

步骤 02　按 L 键，如图 8-13 所示，使用"套索工具"将舞台上的对话框图标圈出并在图形上右击，在弹出的快捷菜单中选择"剪切"命令。

图 8-13

步骤 03　单击"时间轴"面板左侧的 ⊞ 按钮。如图 8-14 所示，将"图层 1"锁定并隐藏。单击"图层 2"的第 1 帧，在舞台上右击，在弹出的快捷菜单中选择"粘贴到当前位置"命令，如图 8-15 所示，该对话框已经移至新的图层（图层 2）上。

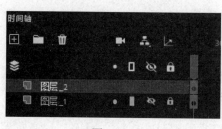

图 8-14

图 8-15

步骤 04　在"图层 2"的第 5、10、15 帧分别右击，在弹出的快捷菜单中选择"插入关键帧"命令，在第 19 帧处右击，在弹出的快捷菜单中选择"插入帧"命令，如图 8-16 所示。

步骤 05　如图 8-17 所示，选择第 1 帧舞台上所有黑色圆点，按 Delete 键删除，选择第 5 帧舞台上的右侧 2 个黑点并删除，第 10 帧删除右侧 1 个黑点，第 15 帧不变。

图 8-16

图 8-17

步骤 06　在"时间轴"面板上单击 按钮，分别拖动下方循环范围框左右两侧 控制点，使范围涵盖"时间轴"面板所有帧，如图 8-18 所示。单击 按钮，可循环查看动画效果。单击 按钮，关闭循环功能。

图 8-18

步骤 07　按 Ctrl+S 快捷键，保存对源文件的修改。

8.2　图层的介绍

图层是 Adobe 公司出品的软件的核心内容，所有功能都依托图层建立，在 AN 中，绘制图形、建立帧、制作动画等都需要在图层中进行操作。AN 的"时间轴"面板可以创建多个图层，上层中的视觉元素与下层产生叠搭关系时，下层内容会被遮挡。

8.2.1　图层的基本操作

1．创建图层
（1）单击"时间轴"面板左侧的 按钮。
（2）在某图层名称上右击，在弹出的快捷菜单中选择"插入图层"命令。
（3）选择菜单栏中的"插入"→"时间轴"→"图层"命令。

2．移动图层
当"时间轴"面板有多个图层时，可拖动图层改变上下层的空间关系。

3．选择图层
（1）单击图层名称可选择一个图层。
（2）按住 Shift 键可以同时选中多个图层。
（3）按住 Ctrl 键连续单击多个图层，可跳选图层。

4．图层命名

图层会依照创建顺序按序号自动命名，创建的图层较多时需要自己命名以避免制作过程中产生不必要的麻烦。

（1）在图层名称处（如图层 1）双击，输入指定名称。

（2）在图层名称上右击，在弹出的快捷菜单中选择"属性"命令，在弹出的"图形属性"对话框的"名称"文本框中输入指定名称。

5．删除图层（可多层同步操作）

单击"时间轴"面板左侧的▥按钮可删除已选图层，或右击需要删除的图层，在弹出的快捷菜单中选择"删除图层"命令。

6．剪切、粘贴图层（可多层同步操作）

（1）在图层上右击，在弹出的快捷菜单中选择"剪切图层"命令，暂时去除选中图层并将其暂存到剪贴板。

（2）在图层上右击，在弹出的快捷菜单中选择"粘贴图层"命令，可将暂存在剪贴板的图层粘贴到此层上方，或者选择菜单栏中的"编辑"→"时间轴"→"粘贴图层"命令。

7．拷贝、复制图层（可多层同步操作）

（1）右击图层，在弹出的快捷菜单中选择"拷贝图层"命令，将此图层暂存到剪贴板，通常需要再次右击某图层进行粘贴。

（2）右击图层，在弹出的快捷菜单中选择"复制图层"命令，相当于对此图层直接复制。

8．合并图层

除摄影机层外，可以将多个图层合并为一个图层。

9．创建整理图层文件夹

单击"时间轴"面板左侧的▭按钮，或选择菜单栏中的"插入"→"时间轴"→"图层文件夹"命令，还可以在某图层上右击并在弹出的快捷菜单中选择"插入文件夹"命令以完成创建文件夹。将有关联的图层拖动到文件中可以整理"时间轴"面板显示区域的空间。双击文件夹名称可以改名。

8.2.2　图层的控制

如图 8-19 所示，在"时间轴"面板图层的上方有一排按钮可以理解为总开关，用来控制所有图层的显示、锁定等操作。

1．突出显示图层

单击▪按钮，所有已建图层下方出现贯穿图层显示线，单击某个图层对应位置分开关，只突出此图层，如图 8-20 所示。

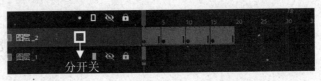

图 8-19 　　　　　　　　　　　　　图 8-20

2．以轮廓线形式显示图层内容

单击▣按钮，所有图层将以轮廓线形式显示（导入的位图只显示外框），如图 8-21 所示。单击某个图层对应位置，如图 8-22 所示，只有此图层显示为轮廓线。

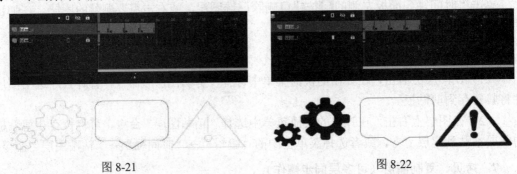

图 8-21 　　　　　　　　　　　　　图 8-22

3．图层的显示、隐藏

单击◉按钮，可控制所有图层显示或隐藏，单击某图层对应位置，只控制此图层的显示与隐藏。

4．锁定图层

对暂时不需要编辑的图层进行锁定，可以保护图层中的内容不会因错误操作而变化。单击🔒按钮，可将所有图层锁定或解除锁定，单击对应的某个图层此功能只控制此图层的锁定与解锁。

5．仅查看现用图层

单击🗇按钮，可以调整"时间轴"面板在布局上的变化，即只显示编辑图层，其余图层与面板一起缩略，再次单击该按钮面板复原，适合在制作过程中建立较多图层时使用。

6．图层高级设置

双击某图层"以轮廓线显示"色块或者选择菜单栏中的"修改"→"时间轴"→"图层属性"命令，打开"图层属性"对话框，如图 8-23 所示。

在此对话框中可对所选图层的名称、轮廓颜色、图层显示方式、图层高度等内容进行设置，其中"图层类型"将在第 11 章详细介绍。

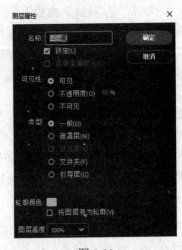

图 8-23

8.3　绘图纸外观功能

绘图纸外观功能相当于传统动画的"透台"，在制作动画，尤其是逐帧动画时可以使前、后帧的内容以轮廓线或递减透明度的方式显示，便于对当前帧（正在编辑的帧）进行修改。

8.3.1　功能介绍

单击"时间轴"面板上的■按钮，在舞台上可同时显示当前帧、以前帧和以后帧。时间指针所指位置为当前帧，蓝色线为以前帧，绿色线为以后帧。使用此功能可为辅助绘制、定位和编辑动画提供参考。拖动以前、以后帧的竖线可控制查看范围，如图 8-24 所示。此功能对锁定图层无效。再次单击■按钮，可关闭此功能。

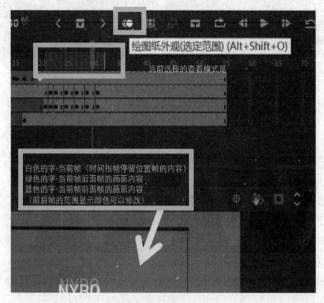

图 8-24

长按■按钮，在弹窗中选择"高级设置"选项，在弹出的"绘图纸外观设置"对话框中根据绘图的需要做更细致的设置，如图 8-25 所示。

❑ 单击"绘图纸外观填充"按钮，当前帧为实体，以前、以后帧采用逐渐透明形式显示。

❑ 单击"绘图纸外观轮廓"按钮，当前帧为实体，以前、以后帧采用逐渐轮廓线形式显示。

❑ 拖动"起始不透明度"滑块，调整当前帧两侧绘图纸外观帧的不透明度。如需按百分比减小每个绘图纸帧的变化量，拖动"减少"滑块。

❑ 可以自定义前后帧的显示色调。

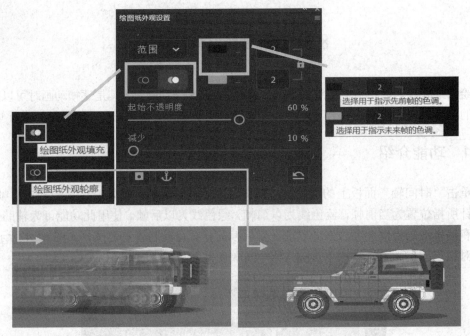

图 8-25

8.3.2　实例——MG 动画：写字

本小节以"绘图纸外观"功能为辅助，制作一个字母书写出来的过程，同时介绍"分散到图层"命令。

步骤 01　新建源文件，帧速率为 24，宽高比为 1280×720，命名为"写字"。

步骤 02　按 T 键，在"属性"面板中设置相关参数，填充颜色为黑色，如图 8-26 所示。

步骤 03　在舞台上单击，在输入框中输入"AN"，选择"任意变形工具"等比放大 AN 字符，并摆放在舞台中间，如图 8-27 所示。

步骤 04　使用"选择工具"单击舞台上的 AN 字符，按 Ctrl+B 快捷键，分离为两个独立字符。

步骤 05　全选 AN，在字符上右击并在弹出的快捷菜单中选择"分散到图层"命令，如图 8-28 所示。在"时间轴"面板上将字符分散到两个图层，名称按内容自动更改。锁定并隐藏"N"层。

步骤 06　在舞台上选择字符 A，按 Ctrl+B 快捷键，将字符属性转成形状属性以便对图形修改，如图 8-29 所示。

步骤 07　在"时间轴"面板上，在 A 图层第 20、24 帧处右击，在弹出的快捷菜单中选择"插入关键帧"命令。

步骤 08　将时间指针拖动到第 20 帧位置，放大舞台显示范围，使用"多边形工具"如图 8-30 所示选取横线的部分，在选区上右击并在弹出的快捷菜单中选择"翻转选区"命令，按 Ctrl+G 快捷键使横线外图形变成组属性，如图 8-31 所示。

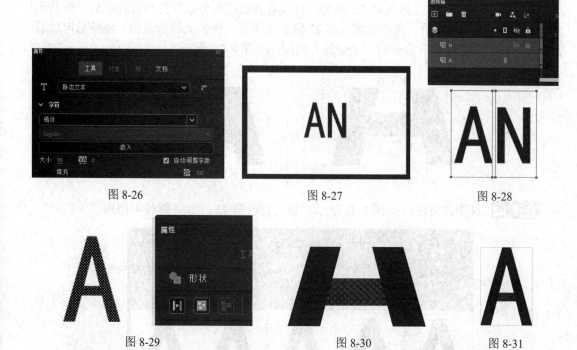

图 8-26　　　　　　　　　　　图 8-27　　　　　　　　　　　图 8-28

图 8-29　　　　　　　　　　图 8-30　　　　　　　　　　图 8-31

步骤 09　双击第 20 帧将此时间段选中，按 F6 键或者右击并在弹出的快捷菜单中选择
"转换为逐帧动画"→"每帧设为关键帧"命令（见图 8-32），可将第 21、22、23 帧的普
通帧同时转为关键帧。

步骤 10　如图 8-33 所示，在"绘图纸外观设置"对话框中更改参数。

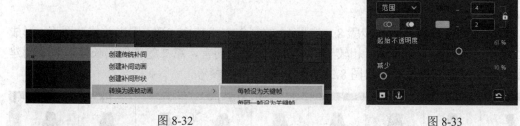

图 8-32　　　　　　　　　　　　　　　　　　　图 8-33

步骤 11　单击■按钮，开启"绘图纸外观"功能，如图 8-34 所示，调整以前、以后帧
的控制线，使范围覆盖第 20～24 帧。

步骤 12　拖动时间指针到第 23 帧处，使用"橡皮工具"擦除横线右侧的小部分内容，
如图 8-35 所示。

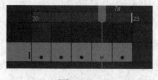

图 8-34

图 8-35

步骤 13　拖动时间指针到第 22 帧处，可以看到横线部分以绿色的线提示后一帧的形态轮廓，使用"橡皮工具"在当前帧（第 22 帧）参考后一帧扩大擦除范围，擦除后可以看到横线的轮廓以蓝色显示前一帧（未修改）范围，如图 8-36 所示。

擦除前　　　　　　　　　　　擦除后

图 8-36

步骤 14　使用此方法，如图 8-37 所示，依次修改第 21、20 关键帧中图形。

图 8-37

步骤 15　右击第 20 帧并在弹出的快捷菜单中选择"复制帧"命令，右击第 10 帧并在弹出的快捷菜单中选择"粘贴帧"命令。选择第 10 帧舞台上图形，按 Ctrl+B 快捷键，将组属性分离为形状以便下一步修改。

步骤 16　此步骤开始与步骤 8～步骤 15 的制作方式基本一致，圈出并修改图形，形成第二笔被写出来的动画效果，相较于横线（第三笔）而言，第二笔的线要长些，需要创建更多关键帧模拟书写过程，如图 8-38 所示，作为修改参考。

图 8-38

步骤 17　右击第 10 帧并在弹出的快捷菜单中选择"复制帧"命令，在第 1 帧处右击并在弹出的快捷菜单中选择"粘贴帧"命令。

剩下的步骤同上，如图 8-39 所示作为修改参考。

步骤 18　在第 48 帧处右击并在弹出的快捷菜单中选择"插入帧"命令，形成书写完成后停留 1 秒的效果，按 Ctrl+S 快捷键保存，命名为"写字"。

图 8-39

步骤 19　按 Ctrl+Enter 快捷键，查看动画效果。

8.4　补间形状动画

补间动画与逐帧动画最大的区别在于，动画中间变化的部分由软件自动完成，无须用户逐帧制作。本节所介绍的补间形状动画是对形状变化的补间，在 UI 动效、MG 动画制作中常被使用。补间形状动画的呈现形式，如图 8-40 所示。

图 8-40

8.4.1　基本内容介绍

（1）只针对形状属性及对象绘制属性图形制作动画。

（2）对改变形状、大小、变换颜色及调整位置形成动画。

（3）需要两个以上的关键帧，且关键帧中的图形要有一定的不同，但不能有太大差异，否则变化效果不理想。

（4）如图 8-41 所示，补间形状可以调整缓动效果、能对帧添加滤镜效果、支持图层混合模式等。

图 8-41

8.4.2　实例——UI 动效：补间形状动画制作

本小节继续完善"UI 图标"案例，对其中三角叹号图形完成变色的动画效果，如图 8-42 所示。同时介绍"翻转帧"命令的使用方式。

步骤 01　按 Ctrl+O 快捷键，在弹出的"打开"对话框中选择"UI 图标"源文件，单击"打开"按钮。

图 8-42

步骤 02　解锁"图层 1"，按 L 键，使用"套索工具"将舞台上三角形图标圈出，在该图形上右击并在弹出的快捷菜单中选择"剪切"命令，新建一个图层，在舞台上右击并在弹出的快捷菜单中选择"粘贴到当前位置"命令。锁定图层 1、图层 2。

步骤 03　双击"图层 3"名称，改名为"叹号与三角"（图层 2 改名为"对话框"）。

步骤 04　右击"叹号与三角"图层第 5 帧，在弹出的快捷菜单中选择"插入关键帧"命令。全选舞台上图形，将第 5 帧的笔触颜色改为黄色，选择叹号的圆点，单击填充颜色，使用"吸管"单击（吸取）三角形的黄色，如图 8-43 所示。笔触颜色改为无。

步骤 05　右击"叹号与三角"图层第 1 帧，在弹出的快捷菜单中选择"创建补间形状"命令，如图 8-44 所示。

图 8-43　　　　　　　　　　　　图 8-44

步骤 06　在"叹号与三角"图层第 1 帧拖动鼠标至第 5 帧释放，使第 1～5 帧被选择。

步骤 07　按住 Alt 键拖动选区的帧到第 15 帧处释放。

步骤 08　如图 8-45 所示，右击新复制的时间段，在弹出的快捷菜单中选择"翻转帧"命令，变为倒放动画效果。

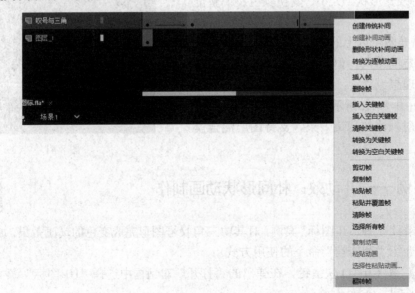

图 8-45

步骤 09　单击"时间轴"面板上的▶按钮，查看动画效果，按 Ctrl+S 快捷键保存源文件。

8.4.3　实例——MG 动画：变形动画

如图 8-46 所示，补间形状动画对不规则的图形变化过程比较随机。

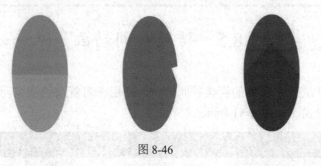

图 8-46

可以执行"添加形状提示"命令，以控制图形变化过程样态，如图 8-47 所示。

图 8-47

步骤 01　按 Ctrl+O 快捷键，在弹出的"打开"对话框中选择随书附赠的本案例（添加定位点提示）源文件，单击"打开"按钮。

步骤 02　查看"图层-试验"中第 1 帧及第 30 帧的图形样态差异，如图 8-48 所示。

步骤 03　右击"图层-试验"第 1 帧，在弹出的快捷菜单中选择"创建补间形状"命令。

步骤 04　在第 1 帧处按 Ctrl+Shift+H 快捷键，或者选择菜单栏中的"修改"→"形状"→"添加形状提示"命令，舞台上会出现红色带序号的提示点，再次按 Ctrl+Shift+H 快捷键会继续出现新的提示点，如图 8-49 所示，拖动提示点到图形需要定位位置。

在第 30 帧处，将舞台上的定位点放置在变化的结束位置，提示点的需要前后帧位置要对应，如图 8-50 所示。

图 8-48　　　　　　　　　　　　　图 8-49　　　　　　　　　　　　　图 8-50

> **提示**
>
> "添加形状提示"功能需先创建补间动画后才能使用。
>
> 查看动画，若变化效果不理想可重新拖动定位点调整，或添加新的定位点。
>
> 右击定位点，在弹出的快捷菜单中选择"删除"命令可去掉不需要的点。

8.5　传统补间动画

传统补间动画是 AN 软件的经典补间形式，适用于对复杂的视觉元素制作动画。传统补间动画的呈现形式，如图 8-51 所示。

图 8-51

8.5.1　功能介绍

（1）做传统补间动画的视觉元素（动态及静态形式）只能为元件。

（2）只是对同一个元件的缩放、位移、变色等变化过程制作补间动画。

（3）需要两个关键帧才可创建传统补间动画。

（4）不能直接为文本制作传统补间动画，需要先将文本转换为元件。

（5）不能为 3D 变化创建传统补间动画。

（6）不可以另存为动画预设。

（7）如图 8-52 所示，可在"属性"面板中调整缓动效果、对帧添加滤镜效果、支持自转（旋转）动画制作。

图 8-52

8.5.2　实例——MG 动画：写字动画

如图 8-53 所示，本小节通过对"写字"案例进一步的完善，以实例的方式详细介绍"传统补间动画"的使用方法。

图 8-53

步骤 01　打开本书附赠素材"写字-素材"源文件。

步骤 02　按 Ctrl+L 快捷键，在"库"面板中已有名称为"笔"的元件（元件将在第 10 章详细介绍）。

步骤 03　新建一个图层，改名为"笔"，锁定其他图层（附赠素材源文件的 N 层的动画已经完成，使用自己素材的读者可以按照"写字"案例的 A 层方式制作）。

在"库"面板中按住"笔"元件拖动到舞台上。

步骤 04　如图 8-54 所示，选择所有帧并向后拖动，在第 16 帧处释放。

步骤 05　选择"任意变形工具"，将心点拖到到笔尖处，如图 8-55 所示。

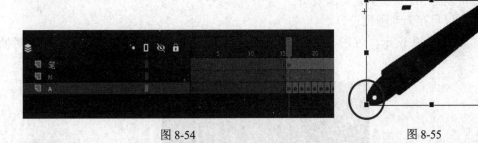

图 8-54　　　　　　　　　　　　　　　图 8-55

步骤 06　右击"笔"图层第 16 帧，在弹出的快捷菜单中选择"复制帧"命令。在第 10 帧处右击，在弹出的快捷菜单中选择"粘贴帧"命令，将舞台上的笔图形拖动到舞台外。

步骤 07　右击第 10 帧，在弹出的快捷菜单中选择"创建传统补间"命令，如图 8-56 所示。

步骤 08　将时间指针拖动到第 16 帧处，将舞台上的笔图形拖动到"A"的起笔处。

图 8-56

步骤 09　按照书写的方式，将每一笔的起笔及结束的位置"插入关键帧"并移动笔图形的位置，还可以使用"任意变形工具"调整笔的角度，使笔在移动过程中更生动。

步骤 10　"N"书写完毕后，可以在"笔"图层第 91 帧（参考）"插入关键帧"并将舞台上的笔图形拖出舞台外。

步骤 11　如图 8-57 所示，依次在"笔"图层的关键帧间执行"创建传统补间"命令。

图 8-57

8.6　补 间 动 画

补间动画是 AN 软件近几代版本中出现的新内容，在传统补间动画基础上发展而来，其创建形式与其他补间不同，只需要 1 个关键帧即可创建补间动画，移动时间指针并对指针所指时间的内容做改变，软件将自动形成新的关键帧（小黑点），从而产生动画效果。补间动画的呈现形式，如图 8-58 所示。

图 8-58

（1）整个补间只能对一个内容制作动画。

（2）可以对静态文本属性制作补间动画。

（3）可以为 3D 对象创建动画效果。

（4）可以另存为动画预设。

（5）如图 8-59 所示，可在"属性"面板中设置缓动效果、制作自转效果、不能对帧添加滤镜。

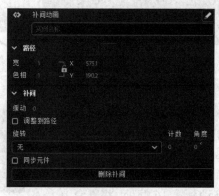

图 8-59

详细制作方法见"9.4 实例——文本动画"及"11.4.3 实例——UI 动效：Logo 变色动画"案例。

第 9 章　文本与动画

文本及文本动画是 MG 动画、UI 动效中最常见的元素，本章将详细介绍与文本相关的工具、命令及使用方法。

9.1　文本基本内容介绍

本节将介绍文本的分类及创建方式，在 MG 动画及 UI 动效制作时，因视频输出格式需要，制作时需选静态文本格式。

9.1.1　文本的分类

如图 9-1 所示，AN 的文本有 3 种类型。

图 9-1

1. 静态文本

静态文本通常在制作 MG 及 UI 动画时使用，是视觉元素重要组成部分。

2. 动态文本

动态文本是配合脚本语言共同使用的一种形式，可随影片播放自动更新文字内容。

3. 输入文本

输入文本是在制作交互类型文件时用于用户输入的一种形式。

9.1.2　文本的创建

使用"文本工具" **T**（快捷键为 T）在舞台上单击，在文本框中输入文字，随着文字输入量变多，文本框自动向后扩展。或者使用"文本工具"在舞台上拖动出选区，可固定文本框宽度，当输入文字量变多时，字符将自动跳转下一行。

静态文本还可以在"属性"面板中单击 按钮，改变文本方向，如图 9-2 所示。

图 9-2

9.2　基本文本属性

本节以静态文本为主要内容，对文本的基本属性做详细介绍。

在"属性"面板内可设置输入文字的相关参数。

9.2.1　字符

可以对字体的样式、大小、颜色、透明度等参数进行设置，如图 9-3 所示。

图 9-3

9.2.2　段落

当输入的字符较多且分段落时，可以设置段落的行距、对齐方式等，如图 9-4 所示。

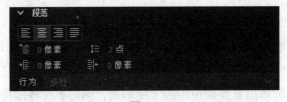

图 9-4

9.2.3　选项

如图 9-5 所示，可将输入的字符执行超链接功能，选择舞台输入的字符，在"属性"面板内输入链接网站，在发布后的 SWF 文件中，单击字符可跳转到指定的网站。

图 9-5

9.2.4 滤镜

1. 为字符添加滤镜

添加滤镜可增加字符的表现力。

选择舞台上已输入的字符，在"属性"面板的"滤镜"中单击 ➕ 按钮，在弹窗中单击需要添加的滤镜选项并调整参数。同字符可添加多个滤镜效果。单击已添加滤镜右侧的 👁 按钮，可隐藏滤镜效果。单击已添加滤镜右侧的 🗑 按钮，可删除滤镜。

> **提示**
>
> AN 中同样可以添加滤镜功能的还有"帧""按钮元件""影片剪辑元件"。

2. 不同滤镜的介绍

1）投影

如图 9-6 所示，"模糊"是调整投影的虚化程度，数值越大模糊度越高，默认"X""Y"同步改变，可单击 🔒 按钮分开调整"X""Y"值，再次单击 🔒 按钮可改回到同步控制；"距离"是字符与投影的距离，数值越大距离越远；"强度"是模拟光照形成投影的强度，数值越大强度越大；"角度"为模拟光照的角度；单

图 9-6

击"阴影"后的色块，可调整投影颜色；"挖空""内投影""隐藏对象"是投影与字符之间的样态关系，可根据需要进行设置；在"品质"下拉列表框中可选择投影的细腻度。

2）模糊

对字符本身的模糊程度，参数设置方式与"投影"一致。

3）发光

模拟字符发光效果，参数设置方式与"投影"一致。

4）斜角

与"投影"设置方式基本相同，其中"距离"为负数时呈凹面样态，为正数时呈凸面样态，如图 9-7 所示，数值调整不要太大；单击"阴影"或"加亮"后的色块可更改斜面颜色；"类型"中包括 3 种斜角效果。

5）渐变发光

与"斜角"参数基本相同，其中发光颜色为渐变色，单击"渐变"后的色块，在弹窗中拖曳色条下方的 ▥ 滑块可改变渐变程度，也可单击滑块调整颜色，在色条下方任意位置单击可添加新的滑块；向下拖动滑块后释放可删除滑块。

图 9-7

6）渐变斜角

与"渐变发光"的参数设置基本一致。

7）调整颜色

如图 9-8 所示，调整参数可以改变字符的颜色，其中"亮度""对比度""饱和度"的数值范围均为-100～100，"色相"的数值范围为-180～180。

3. 滤镜其他设置

如图 9-9 所示，选择已添加滤镜的字符，单击 按钮，在弹窗中选择相应命令可进一步控制滤镜。

图 9-8　　　　　　　　　　　图 9-9

（1）可将某个字符已调整滤镜效果转移到另一个字符上，并且保持已调整状态。

（2）可全部删除、启用、禁用已添加滤镜。

（3）可将调整的滤镜参数恢复初始值。

（4）可将添加并调整参数的滤镜另存为预设以便调用，同时可对添加的预设编辑及删除。

9.3　拆分字符

右击多字符文本，在弹出的快捷菜单中选择"分离"命令或按 Ctrl+B 快捷键，可将其拆分为多个独立字符。

对独立字符执行"分离"命令，字符的属性会变成形状属性，参考"8.3.2 实例——MG 动画：写字"案例。

9.4　实例——文本动画：Logo 动效

本节是对本章所介绍的文本内容与逐帧动画（Adobe 字符）、补间动画（Animate CC 字符）、形状补间动画（2024 字符）结合应用的综合案例，如图 9-10 所示。同时还介绍了"颜色"面板的相关内容以及文档设置的调整方法。

图 9-10

步骤 01　新建文件，设置帧速率为 30。选择"文本工具"在舞台上输入"Adobe"，按如图 9-11 所示设置参数。

图 9-11

若需要字符更大可使用"任意变形工具"等比放大。

步骤 02　双击"图层 1"并改名为"逐帧"，在图层名称上右击，在弹出的快捷菜单中选择"复制图层"命令。

步骤 03　双击"逐帧_复制"并改名为"补间 Animate"，锁定并隐藏"逐帧"图层。

步骤 04　在"补间 Animate"图层舞台上双击字符，光标闪烁后，多次按 Backspace 键直至删除所有字符，输入"Animate"。显示"逐帧"图层，按 V 键，拖动"Animate"，如图 9-12 所示。

图 9-12

步骤 05　采用同样方式完成"补间 CC""形状 2024"图层的创建及内容制作，如图 9-13 所示。

步骤 06　单击舞台空白位置，单击"属性"面板→"文档"→"文档设置"中的"匹配内容"按钮，舞台大小已改为与字符大小一致，如图 9-14 所示。

步骤 07　选择"属性"面板→"文档"→"文档设置"中的"更多设置"命令，在弹出的"文档设置"对话框中改变锚记位置，如图 9-15 所示。

图 9-13

图 9-14

步骤 08　在"属性"面板→"文档"→"文档设置"中锁定宽高等比按钮，加大宽数值，可增加字符周围的舞台空间，如图 9-16 所示。

图 9-15

图 9-16

步骤 09　在所有图层 5 秒位置右击，在弹出的快捷菜单中选择"插入帧"命令，暂定动画总时长为 5 秒，如图 9-17 所示。

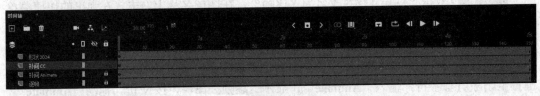

图 9-17

步骤 10　除"逐帧"图层外，锁定并隐藏其他图层，舞台上选择 Adobe 字符，按 Ctrl+B 快捷键。

步骤 11　在"逐帧"图层第 11 帧处右击，在弹出的快捷菜单中选择"插入关键帧"命令；右击第 1 帧，在弹出的快捷菜单中选择"转换为逐帧动画"→"每隔一帧设为关键帧"命令，如图 9-18 所示。

步骤 12　如图 9-19 所示，修改对应关键帧的画面内容，修改完锁定图层。

步骤 13　解锁"补间 Animate"图层，单击第 1 帧释放，再拖动此帧至 1 秒（第 30 帧）处，如图 9-20 所示。

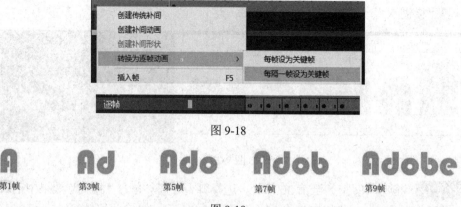

图 9-18

图 9-19

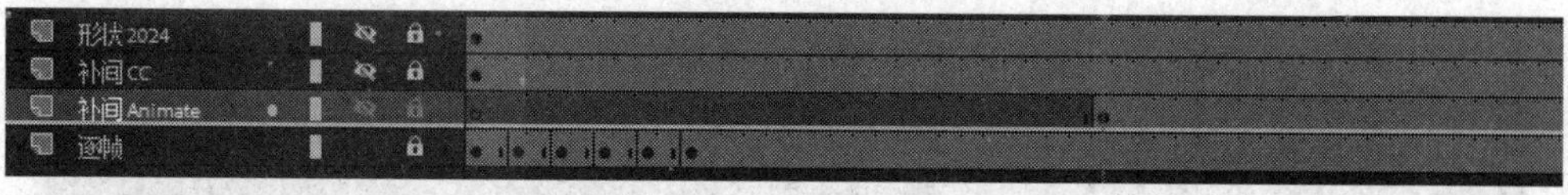

图 9-20

步骤 14 右击"补间 Animate"图层第 30 帧，在弹出的快捷菜单中选择"创建补间动画"命令。

步骤 15 选择舞台 Animate 字符，在"属性"面板"Y"值（蓝色数字）上拖动鼠标，直至将字符移出舞台外（上方）释放（数值参数仅供参考），如图 9-21 所示。

图 9-21

步骤 16 拖动时间指针至第 35 帧处，选择舞台 Animate 字符，再次调整"Y"值，使字符与"Adobe"底对齐，如图 9-22 所示，可以打开标尺辅助。

图 9-22

步骤 17 单击 Animate 字符，在"属性"面板中为其添加"模糊"滤镜，如图 9-23

所示，将"模糊 X""模糊 Y"值均改为 0。

图 9-23

步骤 18　拖动时间指针至第 30 帧处，选择舞台字符，单击"模糊"效果中的🔒按钮，设置"模糊 X"为 0，"模糊 Y"为 20，如图 9-24 所示，锁定此层。

图 9-24

步骤 19　解锁"补间 CC"图层，单击第 1 帧释放，拖动至 2 秒（第 60 帧）处，如图 9-25 所示。

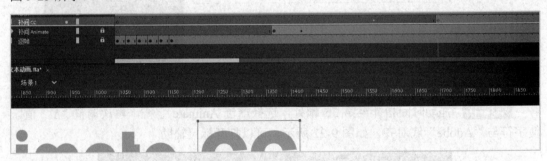

图 9-25

步骤 20　右击"补间 CC"图层第 60 帧，在弹出的快捷菜单中选择"创建补间动画"命令。

步骤 21　拖动时间指针至"补间 CC"图层第 65 帧处，按 F6 键。

步骤 22　拖动时间指针至"补间 CC"图层第 60 帧处，选择舞台 CC 字符，按 Q 键，使用"任意变形工具"等比放大字符。如图 9-26 所示，添加"调整颜色"滤镜效果并设置参数，使字符变为白色（与舞台颜色一致）。

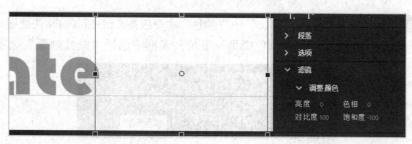

图 9-26

步骤 23　拖动时间指针至"补间 CC"图层第 65 帧处，选择舞台 CC 字符，如图 9-27
所示，调整滤镜参数，锁定图层。

图 9-27

步骤 24　解锁"形状 2024"图层，单击第 1 帧释放，拖动至 3 秒（第 90 帧）处，如
图 9-28 所示。

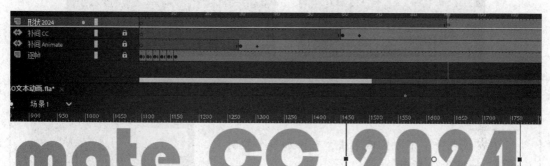

图 9-28

步骤 25　选择舞台上 2024 字符，按 Ctrl+B 快捷键两次，将字符转为形状属性。单击
■按钮，如图 9-29 所示（案例数值仅供参考）将颜色选择器中的"H""S""B""R"
"G""B"数值记录下来。

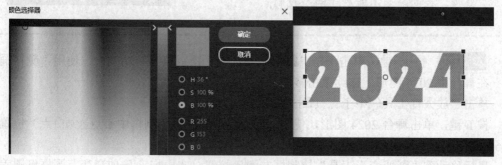

图 9-29

步骤 26　选择菜单栏中的"窗口"→"颜色"命令或按 Ctrl+Shift+F9 快捷键,打开"颜色"面板。如图 9-30 所示,在"颜色类型"下拉列表框中选择"线性渐变"选项。

图 9-30

步骤 27　如图 9-31 所示,单击右侧控制点███,输入刚记录的"H""S""B""R""G""B"数值,向左拖动此控制点,在右侧空位单击,添加新的控制点。

步骤 28　将左侧控制点(黑色)向下拖动,删除此点。

如图 9-32 所示,将两个控制点向左拖动,单击最左侧控制点,将 A 的数值改为 0%。

图 9-31

图 9-32

提示

　在"调色条"下方区域单击,可添加多个控制点███,如图 9-33 所示。

　单击控制点(上方的三角形会变成黑色),在调色区(方形区域)选择任意颜色可改色。

　控制点可左右拖动。

　拖动控制点到"调色条"外可删除此点。

　线性、径向渐变不能少于两个控制点。。

图 9-33

步骤 29　按 K 键,单击子工具██按钮(选中"锁定填充"功能),使用"颜料桶工具"在舞台中 2024 图形上连续单击多次。

单击"放大镜工具"中子工具██按钮,将舞台缩小。

按 F 键,单击舞台 2024 图形,使用"渐变变形工具"控制框中心点(○白点)位置拖动至 2024 图形上释放,如图 9-34 所示。

鼠标移动到"渐变变形工具"控制框右侧██按钮,向内拖动██使渐变范围框仅覆盖两个字释放。放大舞台显示。

图 9-34

步骤 30　在"形状 2024"图层第 100 帧处右击，在弹出的快捷菜单中选择"插入关键帧"命令。

步骤 31　如图 9-35 所示，修改第 90 帧、第 100 帧的内容，完成后在第 90 帧处右击，在弹出的快捷菜单中选择"创建补间形状"命令。

图 9-35

步骤 32　单击"时间轴"面板上方的▶按钮查看动画效果，或按 Ctrl+Enter 快捷键（也可单击软件左上方的◉按钮）发布动画并查看动画效果。

第 10 章　元件与动画

元件是 AN 制作动画过程中重要的视觉元素，是制作复杂的动画内容所必要的内容，本章将详细介绍元件的创建、存储及用元件制作动画的方式。

10.1　元件创建与存储

本节将介绍元件的创建方法及如何在软件中找到元件的位置。

10.1.1　创建元件

1. 新建元件

（1）选择菜单栏中的"插入"→"新建元件"命令，或按 Ctrl+F8 快捷键。

（2）在"库"面板中单击■按钮。

2. 转换为元件

（1）将已绘制图形或导入的素材转为元件：右击图形，在弹出的快捷菜单中选择"转换为元件"命令，快捷键为 F8；或选择已经绘制图形或导入的素材，选择菜单栏中的"修改"→"转换为元件"命令。

（2）将图层转为元件：右击图层名称，在弹出的快捷菜单中选择"将图层转换为元件"命令。

（3）"属性"面板转换为元件按钮：选择图形，在"属性"面板中单击■按钮。

10.1.2　元件存储

所有新建及转换的元件都储存在"库"面板中，如图 10-1 所示，以不同的图标提示不同类型的元件，同时导入素材也会存储在此。

选择菜单栏中的"窗口"→"库"命令，或按 Ctrl+L 快捷键可以打开"库"面板。

在"库"面板中可以对元件及外部导入素材执行重命名、整理、删除、复制等命令。

图 10-1

10.2　元　件　类　型

本节将详细介绍元件的不同类型及其区别，为使用元件制作动画奠定基础。

10.2.1　元件类型介绍

（1）在"新建元件（转换为元件）"对话框中可以选择 3 种不同类型的元件，即图形、影片剪辑和按钮。通过"属性"面板查看 3 种元件的异同，如图 10-2 所示。

图 10-2

2）不同类型的元件有不同的作用，如表 10-1 所示。

表 10-1

元 件 类 型	作　　　用
图形	❏ 可以是静态，也可以是动态 ❏ 在场景"时间轴"实时播放动态图形元件内容（长度最好与元件一致，否者形成剪切） ❏ 没有滤镜功能 ❏ 脚本和 3D 不能用
影片剪辑	❏ 可以是静态，也可以是动态 ❏ 动态影片剪辑元件在场景"时间轴"不能实时显示动态的内容，发布后才可看到 ❏ 脚本和 3D 能用 ❏ 有滤镜功能
按钮	❏ 交互动画使用，一般需要添加脚本语言 ❏ 有滤镜功能 ❏ 可以呈现静态或动态交互效果（动态按钮效果需要插入动态影片剪辑元件完成）

（3）元件在制作动画过程中可多次调用，元件之间也可以嵌套使用。

（4）图形类型的元件更适合 MG 动画及 UI 动效的制作，比如"帧选择器"面板只能在图形元件中使用。

10.2.2　实例——UI 动效：齿轮图标自转动画

传统补间动画是针对元件制作补间的动画形式，其他属性的图形如形状、组、位图、字符等都需要先转为元件后才能使用此命令，本小节通过对"UI 动效"案例完善（见图 10-3）进一步了解使用元件制作动画的优势，同时介绍元件嵌套及"直接复制"元件命令使用方法。

步骤 01　打开"UI 动效"源文件，双击"图层 1"并改名为"齿轮"，解锁此图层，锁定其他图层，如图 10-4 所示。

图 10-3　　　　　　　　　　　　　　　　　　图 10-4

步骤 02　单击舞台上的小齿轮图形，按 Delete 键删除。右击大齿轮图形，在弹出的快捷菜单中选择"转换为元件"命令，弹出"转换为元件"对话框，设置"名称"为"齿轮静态"，"类型"为"图形"，如图 10-5 所示。

步骤 03　按 Ctrl+F8 快捷键，弹出"创建新元件"对话框，设置"名称"为"齿轮动态"，"类型"为"图形"，如图 10-6 所示。

图 10-5　　　　　　　　　　　　　　　　　　图 10-6

提示

创建新的元件后会自动跳转到元件的编辑界面中，如图 10-7 所示，可以单击 ⬅ 按钮退回到场景 1 舞台，在"库"面板中双击元件图标可进入该元件编辑界面（双击元件名称为改名命令）。

图 10-7

步骤 04　按 Ctrl+L 快捷键，将"齿轮静态"元件拖曳到"齿轮动态"编辑界面后释放，如图 10-8 所示。

步骤 05 右击"时间轴"面板第 19 帧，在弹出的快捷菜单中选择"插入关键帧"命令；右击第 1 帧，在弹出的快捷菜单中选择"创建传统补间"命令。

步骤 06 单击任意一帧，在"属性"面板→"帧"→"补间"→"旋转"下拉列表框中选择"顺时针"选项，如图 10-9 所示。

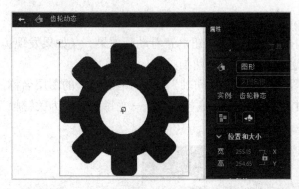

图 10-8

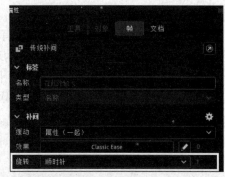

图 10-9

默认自转 1 圈，可调整后面数值改变同时间内自转圈数。

步骤 07 单击 ← 按钮，返回场景 1 舞台，将舞台上齿轮图形删除。

步骤 08 将"库"面板中"齿轮动态"拖曳到舞台上，右击"齿轮"图层第 19 帧，在弹出的快捷菜单中选择"插入帧"命令，如图 10-10 所示。

步骤 09 在"库"面板中，右击"齿轮动态"元件，在弹出的快捷菜单中选择"直接复制"命令，弹出"直接复制元件"对话框，将"名称"改为"小齿轮动态"，然后单击"确定"按钮，如图 10-11 所示。

图 10-10

图 10-11

提示

对元件的"直接复制"命令可以理解为克隆一个新的元件，制作内容相似的元件使用此命令后对新的元件稍作修改可得到多个元件，能有效提高制作效率。

步骤 10 双击"小齿轮动态"元件，进入其编辑界面，单击"时间轴"面板上的任意一帧，将"属性"面板的"旋转"设置为"逆时针"，如图 10-12 所示。

步骤 11 单击 ← 按钮，返回场景 1 舞台。

将"小齿轮动态"元件拖曳到舞台，使用"任意变形工具"等比缩小并摆放好位置，如图 10-13 所示。

图 10-12　　　　　　　　　　　　　　　　　图 10-13

步骤 12　显示"时间轴"面板所有图层，单击▶按钮，查看动画效果。（如果发现齿轮运动频率过快，可以将补间动画转为逐帧的方式统一动画频率。）

在"库"面板中双击"齿轮动态"图标，单击"时间轴"面板"图层 1"的图层名称，右击所选的任意帧，在弹出的快捷菜单中选择"转换为逐帧动画"→"每三帧设为关键帧"命令，如图 10-14 所示。

图 10-14

步骤 13　对"小齿轮动态"元件重复步骤 12 过程。

步骤 14　按 Ctrl+Enter 快捷键，发布查看动画效果。

10.2.3　实例——UI 动效：数字加载动画

本案例以图形类型元件的独特性为主要内容制作常见的数字加载动画，如图 10-15 所示。同时介绍"帧选择器"面板、"分布到关键帧"命令及为帧添加滤镜功能的使用方式。

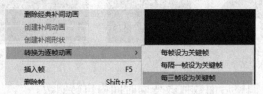

图 10-15

步骤 01　按 Ctrl+N 快捷键，新建源文件，设置"帧速率"为 24，"宽"为 640，"高"为 480，单击"创建"按钮。

步骤 02　按 Ctrl+F8 快捷键，创建新元件，设置"名称"为"数字"，"类型"为"图形"。

提示

不可错选其他类型元件，否则"帧选择器"面板将无法使用。

步骤 03　选择"文本工具"，舞台上单击并输入"1234567890"。字符设置参考如图 10-16 所示。

步骤 04 单击字符，按 Ctrl+B 快捷键，使字符独立，如图 10-17 所示。

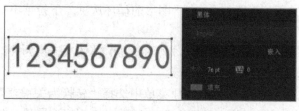

图 10-16　　　　　　　　　　　　　　　　图 10-17

步骤 05 全选所有字符，按 Ctrl+K 快捷键，在"对齐"面板中选中"与舞台对齐"复选框，单击"水平中齐""垂直中齐"按钮。再次全选所有字符，右击，在弹出的快捷菜单中选择"分布到关键帧"命令，字符已经按顺序排列在不同关键帧中，如图 10-18 所示。

图 10-18

步骤 06 单击■按钮，返回舞台。按 Ctrl+L 快捷键，将"库"面板中的"数字"元件拖曳到舞台。

双击"图层 1"并改名为"数字"，在第 99 帧处右击，在弹出的快捷菜单中选择"插入帧"命令，如图 10-19 所示。

图 10-19

步骤 07 在"数字"图层选择第 10 帧，按 F6 键，单击舞台上的元件，按 Ctrl+D 快捷键，按如图 10-20 所示摆放位置。

图 10-20

提示

可按 Ctrl+Alt+Shift+R 快捷键，打开标尺辅助位置摆放。

步骤 08　选择菜单栏中的"窗口"→"帧选择器"命令。如图 10-21 所示，单击十位的"0"，在"帧选择器"面板"1"上双击（0 变 1），在"图形的循环选项"下拉菜单中选择"单帧"选项。

步骤 09　将"数字"图层的第 20、30、40、50、60、70、80、90 帧依次转换为关键帧，按照数字变化的顺序依次重复上述操作。

步骤 10　右击"数字"图层的第 100 帧，在弹出的快捷菜单中选择"转换为关键帧"命令。在舞台上直接复制一个新的元件，形成百位，如图 10-22 所示，排列好位置后，分别对百位、十位、个位的数字调整内容并将其全部转为"单帧"。

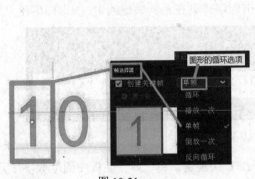

图 10-21

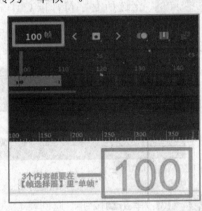

图 10-22

步骤 11　右击第 110 帧，在弹出的快捷菜单中选择"插入帧"命令，使数字停留 10 帧时间。

步骤 12　单击图层名称，选择所有帧。如图 10-23 所示，在"属性"面板中添加"投影"滤镜效果并调整参数。

图 10-23

步骤 13　按 Ctrl+Enter 快捷键，查看动画效果。

步骤 14　按 Ctrl+S 快捷键，保存源件，并命名为"数字加载动画"。

10.2.4　实例——MG 动画：滤镜效果松树绘制

AN 软件提供的滤镜功能可以增强画面效果，除了文字、帧可以添加滤镜，影片剪辑元件也可以添加滤镜效果。本节将介绍只能使用影片剪辑元件制作视觉元素的情况。

如图 10-24 所示，同样为松树图形添加"投影"滤镜效果，左图为帧添加"投影"滤镜，松树层次感不突出；右图为影片剪辑元件组添加"投影"滤镜，层次感明显。

帧添加滤镜图形　　　　　影片剪辑添加滤镜图形

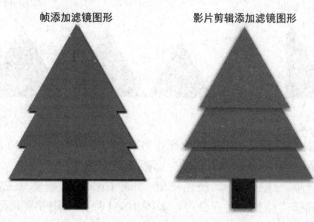

图 10-24

设计动画画面效果可因需要选择不同方式，下面介绍影片剪辑元件绘制松树方式。

步骤 01　选择"多角星形工具"，如图 10-25 所示设置工具参数。

步骤 02　按住 Shift 键（约束角度），同时在舞台上拖曳出三角形图形后释放，如图 10-26 所示。

步骤 03　右击三角形图形，在弹出的快捷菜单中选择"转换为元件"命令，弹出"转换为元件"对话框，设置"类型"为"影片剪辑"，"名称"为"松树枝叶"，单击"确定"按钮，如图 10-27 所示。

步骤 04　选择"矩形工具"，填充颜色为棕色，笔触颜色为无，如图 10-28 所示绘制矩形图形。

步骤 05　在矩形图形上右击，在弹出的快捷菜单中选择"转换为元件"命令，在弹出的对话框中设置"类型"为"影片剪辑"，"名

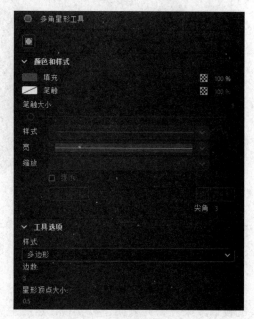

图 10-25

称"为"树干"。

步骤 06　单击舞台三角形图形,按 Ctrl+D 快捷键两次,复制出另外两个三角形图形。

步骤 07　选择"任意变形工具",使 3 个三角形图形依次变大,如图 10-29 所示。

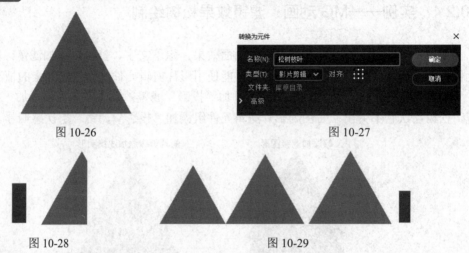

图 10-26　　　　　　　　　　　　　　　　　　　　　图 10-27

图 10-28　　　　　　　　　　　　　　　图 10-29

步骤 08　在"对齐"面板中单击"水平中齐"按钮,按如图 10-30 所示排列图形。

步骤 09　全选所有图形,单击"属性"面板→"对象"→"滤镜"中的➕按钮,在弹窗中选择"投影"选项。选择图形,按住 Ctrl+↑ 或 Ctrl+↓ 快捷键(或在图形上右击,在弹出的快捷菜单中选择"排列"对应命令,如图 10-31 所示)调整图形罗列层次。

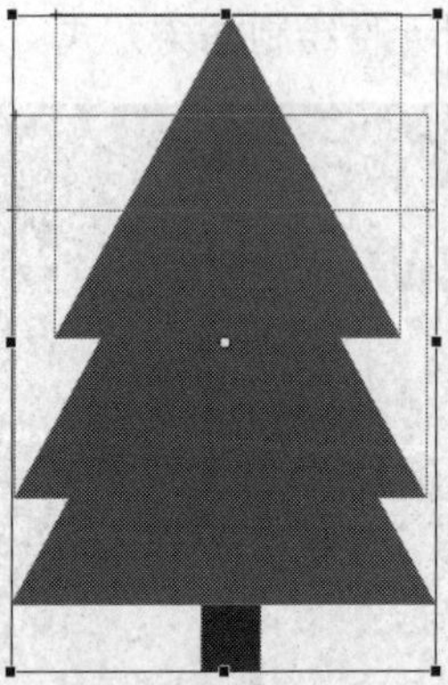

图 10-30 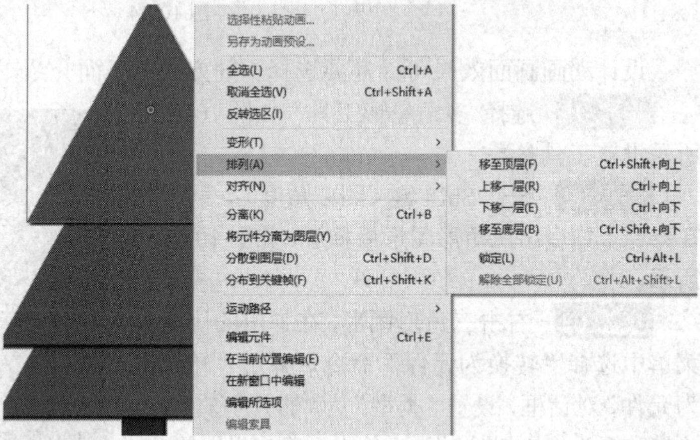　　　　　　　　　　　　　　　图 10-31

10.2.5　实例——基础按钮

AN 软件为用户提供脚本编辑功能,"按钮"就是为提供交互性内容制作需求而存在的元件。与 UI 动效中按钮动效差异在于,一般作为动态图形设计工作者着重考虑动态画面的设计效果并将此效果予以实现,然后生成 PNG 序列帧等格式,交付给开发人员即可。本小节将介绍按钮元件的特点,为读者提供创作思路。

步骤 01 按 Ctrl+F8 快捷键，弹出"创建新元件"对话框，设置"名称"为"按钮"，"类型"为"按钮"，然后单击"确定"按钮，如图 10-32 所示。

步骤 02 进入按钮编辑界面，在"时间轴"面板处可见前 4 帧是被命名的帧，分别是"弹起"（按钮非交互状态），"指针经过"（鼠标放在按钮上状态），"按下"（鼠标单击按钮状态），"点击"（按钮实际面积不会显示此帧的内容）。

如图 10-33 所示，在"弹起"中绘制圆形图形；在"指针经过"按 F7 键（空白关键帧），绘制桃心图形；在"按下"按 F7 键，绘制五星图形，"点击"插入"普通帧"使按钮面积与五星大小一致。

图 10-32

图 10-33

步骤 03 单击 ← 按钮，返回舞台。打开"库"面板，将"按钮"元件拖曳到舞台。

步骤 04 按 Ctrl+Enter 快捷键，查看按钮交互效果，鼠标与按钮无交互时呈圆形样态；鼠标移动到圆形中间，鼠标变成 ⬤ 状，同时圆形变成桃心图形；单击鼠标呈五星样态。

测试时发现鼠标移动到圆形某些位置（如右下方）时，鼠标不会变成 ⬤ 状，是因为可激发按钮的实际面积与五角形大小一致，要想使激发面积发生变化可以进入按钮元件中重新绘制"点击"的内容。

10.2.6 实例——动态按钮

按钮元件只有 4 帧内容是有效的，比如制作一个不与按钮交互时按钮（弹起）状态为跳动的小球，单击鼠标（指针经过）小球停止并出现"HI"字样的动态按钮时就需要与影片剪辑元件共同完成了。

本小节将介绍如何将按钮与影片剪辑元件结合制作动态按钮效果的方法。如图 10-34 所示，本案例提供已制作好的素材，读者可以打开"人物动态按钮-素材"文件继续学习，同时介绍"交换元件"命令的使用方式。

图 10-34

步骤 01　打开"人物动态按钮-素材"源文件。

步骤 02　打开"库"面板，可以看到其中已存储几个素材，其中"人物 1""人物 2"
为动态内容的影片剪辑元件。

单击"人物 1"，可在"库"面板上方预览框中单击"播放"按钮查看动态效果，如
图 10-35 所示。

图 10-35

┌───┐

提示

　　元件内部是动态效果时，一般放在舞台上使用的图形类型元件的舞台时间与内部
时长一致，比如"UI 动效"案例中齿轮元件放在舞台上的时长与元件内部时长都是 19
帧，若舞台的时间短于元件内部时长会形成"剪切"，反之会重复播放以补足时间。

　　动态影片剪辑类型元件放在舞台中，不会受到舞台时间的影响，发布出的文件会
正常展示动态效果，但在软件内部却只显示第 1 帧内容，因此嵌入按钮元件制作动态
交互按钮十分合适。

　　所以，除非需要制作类似"松树"案例的滤镜效果，MG 动画及 UI 动效设计建议
使用图形元件，尤其是元件内部为动态效果的设计。

└───┘

步骤 03　按 Ctrl+F8 快捷键，创建一个按钮类型元件。

步骤 04　在按钮元件编辑界面中，将"库"面板中的"人物 1"拖曳到舞台上（元件
中的滤镜效果发布后可见）。

步骤 05　右击"指针经过"（第 2 帧），在弹出的快捷菜单中选择"插入关键帧"命令。

步骤 06　在第 2 帧的舞台上右击图形（人物），在弹出的快捷菜单中选择"交换元件"
命令，在弹出的"交换元件"对话框中单击"人物 2"，单击"确定"按钮。

┌───┐

提示

　　使用"交换元件"命令，可以省去拖曳并摆放新元件过程，同时继承对之前元件
大小、位置等样态的改动。

└───┘

步骤 07 通常交互按钮需要与脚本语言共同使用，当用户单击按钮后，会马上切换到下一个事件，比如单击按钮后跳转下一页等，用户很少有习惯在按住按钮时查看"按下"（按钮的第 3 帧）的动画。因此本案例没有对"按下"设计第 3 套动作，可以在"按下"中将元件再次交换回"人物 1"即可。

可在按钮元件编辑界面中，右击第 3 帧并在弹出的快捷菜单中选择"插入关键帧"命令，右击舞台上图形（人物）并在弹出的快捷菜单中选择"交换元件"命令，在弹出的"交换元件"对话框中单击"人物 1"，最后单击"确定"按钮。

步骤 08 单击 ⬅ 按钮，返回舞台。打开"库"面板，将"按钮"元件拖动到舞台。

步骤 09 按 Ctrl+Enter 快捷键，查看按钮交互效果。

第11章 升级动画

本章为动画制作复杂度的升级，需要对两个以上图层之间建立动画关系、对二维空间中三维的理解、对骨骼、对父子关系及摄影机的使用等方面做深入的了解，掌握更多软件使用方法及技巧。

11.1 父子关系动画

"父子关系"是 AN 近几个版本添加的新功能，可以理解为"父级"的移动、旋转、缩放属性的变化会影响"子级"，但"子级"还可以保有自身属性变化。

11.1.1 建立父子关系

单击"时间轴"面板中的■按钮，可显示或隐藏"父子关系"功能。

如图 11-1 所示，从"子级"方块处拖曳，鼠标会变成会"手抓线"状，将线拖曳到"父级"方块上释放，"父子关系"即完成建立。

"父级"视觉元素不要形状属性图形。

如图 11-2 所示，一个"父级"可带多个"子级"，也可以建立更多层次的父子结构。

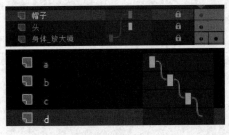

图 11-1   图 11-2

11.1.2 解除及更改父子关系

如图 11-3 所示，单击"子级层"，在弹窗中选择"删除父级"即可解除"父子关系"，也可在"更改父级"中重新指定"父级"。

图 11-3

11.2　遮　罩　动　画

　　"遮罩"是 AN 软件非常重要的图层关系，MG 动画、UI 动效等常用此功能制作动态作品。

　　遮罩效果的呈现是由遮罩层及被遮罩层共同作用而得到的，遮罩层好比一个窗口，透过它可以看到位于它下面的被遮罩层区域，除此之外的其余的所有内容都被"隐藏"起来。

　　遮罩层颜色不重要，但形态很重要。

11.2.1　遮罩层的建立与解除

1．建立

　　"时间轴"面板有至少两个图层的情况下可以通过下列方法建立遮罩关系。

　　（1）在上方图层名称上右击，在弹出的快捷菜单中选择"遮罩层"命令，或者选择"属性"命令，在弹出的"图层属性"对话框中单击"类型"中的"遮罩层"，单击"确定"按钮，下面图层按同样方式操作，但"类型"选择"被遮罩"。

　　（2）可以拖动一个普通图层到遮罩层下方，形成遮罩关系，如图 11-4 所示。

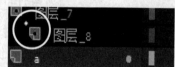

图 11-4

2．解除

　　遮罩关系建立后默认遮罩与被遮罩图层将自动锁定，解除锁定将暂时隐藏遮罩效果。在遮罩层上右击，在弹出的快捷菜单中取消"遮罩层"命令的勾选状态即可解除遮罩关系。

11.2.2　遮罩层注意事项

　　（1）遮罩层可以是填充形状（线条不可以）、字符、元件属性的视觉元素。

　　（2）遮罩层只能是一个，被遮罩层可以是多个，且遮罩层只能在被遮罩层上方。

　　（3）一个遮罩层不能在按钮内部，也不能将一个遮罩应用于另一个遮罩。

　　（4）不能对遮罩层上的视觉元素使用 3D 工具。

11.2.3　实例——UI 动效：进度条加载动画

　　如图 11-5 所示，本小节通过对"数字加载动画"案例的进一步完善，以实例方式详细介绍"遮罩层"动画的应用方法，同时介绍"图层转换为元件""打开外部库"功能的使用。

　　步骤 01　按 Ctrl+N 快捷键，在弹出的"新建文档"对话框中设置"帧速率"为 24，"宽"为 640，"高"为 480，单击"创建"按钮。

图 11-5

步骤 02　单击"属性"面板→"文档"→"文档设置"→"舞台"色块，在弹窗中将舞台颜色改为"红色"。

步骤 03　选择"基本矩形工具"，设置填充颜色为白色，笔触颜色为无，在舞台上绘制一个矩形。然后，使用"选择工具"将矩形直角变成圆角，如图 11-6 所示。

步骤 04　双击"图层 1"并改名为"背景"。右击"背景"图层第 100 帧，在弹出的快捷菜单中选择"插入帧"命令。在"背景"图层名称上右击，在弹出的快捷菜单中选择"复制图层"命令，如图 11-7 所示。双击"背景_复制"图层并改名为"进度条"。

图 11-6　　　　　　　　　　　　　图 11-7

步骤 05　锁定并隐藏"进度条"图层。选中"背景"图层中的图形。如图 11-8 所示，单击"填充颜色"，将 Alpha 值（透明度）改为 45%，锁定此图层。

步骤 06　解锁并显示"进度条"图层。如图 11-9 所示，使用"任意变形工具"将图形等比缩小，使用"选择工具"调整角的弧度，直至理想状态，锁定此图层。

图 11-8　　　　　　　　　　　　　图 11-9

步骤 07　在"时间轴"面板新建图层并改名为"遮罩层"。

步骤 08　选择"矩形工具"，设置填充颜色为任意，笔触颜色为无。在"遮罩层"舞台上绘制矩形，如图 11-10 所示，超出"进度条"图层的高度。

图 11-10

步骤 09　在"进度条"图层第 100 帧处右击，在弹出的快捷菜单中选择"转换为关键帧"命令。使用"任意变形工具"将矩形拉长（中心点放在左侧边缘后再拉伸），使其覆盖整个进度条图形。

步骤 10　在"遮罩层"第 1 帧处右击，在弹出的快捷菜单中选择"创建补间形状"命令。在"遮罩层"图层名称上右击，在弹出的快捷菜单中选择"遮罩层"命令，如图 11-11 所示。

步骤 11　全选所有图层，右击，在弹出的快捷菜单中选择"将图层转换为元件"命令，如图 11-12 所示。

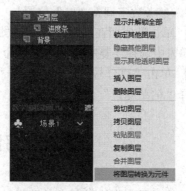

图 11-11　　　　　　　　　　　　　　　图 11-12

步骤 12　弹出"将图层转换为元件"对话框，设置"名称"为"进度条"，"类型"为"图形"，单击"确定"按钮，如图 11-13 所示。

图 11-13

步骤 13　按 Ctrl+S 快捷键，保存源文件，命名为"遮罩加载进度条"，关闭源文件。

步骤 14　打开随书附赠的"数字加载动画"源文件。

步骤 15　选择菜单栏中的"文件"→"导入"→"打开外部库"命令（快捷键为 Ctrl+Shift+O），在弹出的"打开"对话框中选择"遮罩加载进度条"文件，单击"打开"按钮。

步骤 16　锁定所有图层。新建图层并拖动到最下方，改名为"进度条"。

步骤 17　将舞台颜色改为红色。如图 11-14 所示，将"库-遮罩加载进度条"面板中的"进度条"元件拖曳到舞台。使用"任意变形工具"等比缩放，并摆放好位置。

步骤 18　右击上下 2 个图层第 101～110 帧，在弹出的快捷菜单中选择"删除帧"命令，如图 11-15 所示。

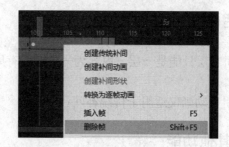

图 11-14　　　　　　　　　　　　　　　图 11-15

步骤 19　新建图层并拖动到最上方，改名为"百分号"。

使用"文本工具"在舞台上输入"%"字符。

使用"任意变形工具"改变大小，使之与数字匹配，在"百分号"图层第 10 帧、100 帧处按 F6 键，参考数字调整"%"位置。

步骤 20 单击数字所在图层任意关键帧，单击"属性"面板→"帧"→"滤镜"中的 ❖ 按钮，在弹窗中选择"复制所有滤镜"命令。

步骤 21 单击"百分号"图层，单击"属性"面板→"帧"→"滤镜"中的 ❖ 按钮，在弹窗中选择"粘贴滤镜"命令。

11.3　引导线动画

引导线功能对于制作比较复杂的路径动画是非常有用的，可以在引导层绘制路径（不会被输出），让被引导层的移动受其约束。

通过这样的方式无须因为过多的移动点而创建多个关键帧，从而提高用户的制作效率。

11.3.1　建立引导关系

可以通过以下两种方式建立引导关系。

（1）为已有图层创建引导层：在已有图层上右击，在弹出的快捷菜单中选择"添加传统运动引导层"命令，可直接为该图形创建一个空的引导层，在空的引导层中绘制引导线即可。

（2）将已有图层转为引导层：右击已绘制引导线的图层，在弹出的快捷菜单中选择"引导层"命令。如图 11-16 所示，拖曳下层到"引导层"下方缝隙处，当鼠标变为"空心圆"状（在引导层图标里侧）时释放鼠标。此时，引导层图标发生变化，提示已建立引导与被引导关系，如图 11-17 所示。

图 11-16　　　　　　　　　　　图 11-17

11.3.2　引导关系注意事项

（1）引导层只能是一层，内容为一条有头有尾的路径且只能是笔触（线条），被引导层可以多层。

（2）引导动画仅适用于传统补间。

11.3.3　其他功能

对已建立动画的被引导层的"属性"面板中"补间"的设置，还可得到以下样态变化。

（1）调整到路径：被引导层的视觉元素在移动时与引导线相互垂直。

（2）沿路径着色：比如被引导层为一个黑色圆球从左到右移动的动画，在引导层绘制一条 7 色线条作为引导线。如图 11-18 所示，选择被引导层任意一帧，选中"属性"面板→"帧"→"补间"→"沿路径着色"复选框，黑色圆球将随运动受引导线颜色影响变换颜色。

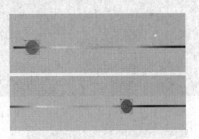

图 11-18

（3）沿此路径缩放：当引导线为不等宽的线条（可用"宽度工具"修改），被引导层在运动时会随着线条变细而变小，线条变宽而变大。

11.3.4 实例——MG 动画：星空动画

如图 11-19 所示，本小节通过案例详细介绍引导层动画的应用方法，同时介绍"径向渐变"的填充方式及"导入到舞台"功能的使用。

图 11-19

步骤 01 按 Ctrl+N 快捷键，在弹出的"新建文档"对话框中设置"帧速率"为 24，"宽"为 1280，"高"为 720，单击"创建"按钮。

步骤 02 单击"图层 1"第 1 帧，按 Ctrl+R 快捷键或选择菜单栏中的"文件"→"导入"→"导入到舞台"命令，在弹出的"导入"对话框中选择"星空背景"图片（附赠素材），单击"打开"按钮。

步骤 03 双击"图层 1"并改名为"星空背景"，选择第 1 帧，如图 11-20 所示，添加滤镜并修改参数，锁定此图层。

步骤 04 新建图层，改名为"背景星球"。

按 Ctrl+Shift+F9 快捷键，打开"颜色"面板，如图 11-21 所示，调整参数。

步骤 05 选择"椭圆工具"，设置笔触颜色为无，在舞台上绘制一个正圆，使用"渐变变形工具"调整渐变样态，如图 11-22 所示。

图 11-20

图 11-21

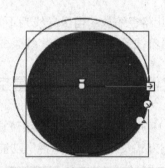

图 11-22

步骤 06　选择"背景星球"图层第 1 帧，如图 11-23 所示，添加滤镜并调整参数，锁定此图层。

图 11-23

步骤 07　新建图层，改名为"星星"并将此图层拖曳到最上方。

选择"多角星形工具"，在其"属性"面板中设置参数，如图 11-24 所示。

在舞台上绘制一个五角星，设置填充颜色为黑色，笔触颜色为无，绘制好后锁定此图层。

图 11-24

步骤 08　右击"星星"图层，在弹出的快捷菜单中选择"添加传统运动引导层"命令。

步骤 09　选择"椭圆工具"，设置填充颜色为无，笔触颜色为 ▮▮▮，在"引导层-星星"图层的舞台上绘制椭圆形引导线，如图 11-25 所示。

图 11-25

步骤 10　使用"橡皮工具"，对椭圆形引导线擦除一个豁口，如图 11-26 所示。

步骤 11　全选所有图层，在 3 秒（第 72 帧）处右击，在弹出的快捷菜单中选择"插入帧"命令，如图 11-27 所示。

图 11-26　　　　　　　　　　　　　　　图 11-27

步骤 12　解锁"星星"图层，在星星图形上右击，在弹出的快捷菜单中选择"转换为元件"命令，弹出"转换为元件"对话框，设置"名称"为"星星"，"类型"为"图形"。

步骤 13　右击"星星"图层第 72 帧，在弹出的快捷菜单中选择"插入关键帧"命令；右击第 1 帧，在弹出的快捷菜单中选择"创建传统补间"命令。

步骤 14　如图 11-28 所示，将"星星"图层第 1 帧舞台中的星星图形放在引导线左端，第 72 帧星星图形放在引导线右端，注意心点要放在线上，右击第 1 帧，在弹出的快捷菜单中选择"创建传统补间"命令，锁定此图层。

步骤 15　按 U 键，使用"宽度工具"加宽"引导层-星星"图层中引导线近处位置，如图 11-29 所示。

图 11-28

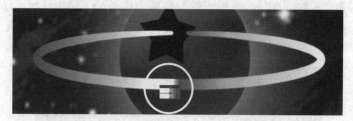

图 11-29

步骤 16   单击"星星"图层任意一帧，如图 11-30 所示，设置"属性"面板参数。若五星运动到近处时变换太大，可以再次调整引导线的宽度。

图 11-30

步骤 17   按 Ctrl+Enter 快捷键，发布视频。

步骤 18   查看发现五星没有绕到星星后面，为进一步完善画面效果，需要建一个"遮挡"效果。

步骤 19   关闭发布的视频，回到源文件中继续编辑。

步骤 20   右击"背景星球"图层，在弹出的快捷菜单中选择"复制图层"命令，将"背景星球复制"图层拖放到最上方。单击第 1 帧，将"属性"面板中的"发光"滤镜删除。

步骤 21   拖动时间指针或单击"时间轴"面板上的 ◀ （向前一帧）或 ▶ （向后一帧）按钮逐帧查看动画内容。

如图 11-31 所示，找到五星图形显示的地方，在"背景星球复制"图层按 F6 键。继续逐帧查看，在另一侧五星被遮掉的位置按 F6 键。将此图层第 2 个关键帧中的图形删除。

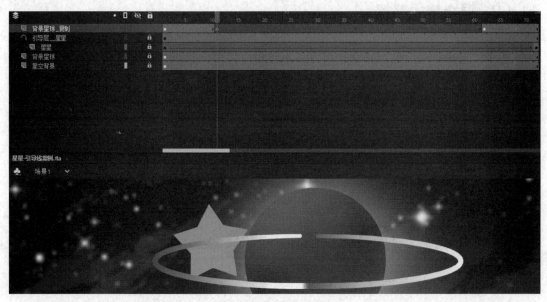

图 11-31

步骤 22　添加滤镜效果进一步美化"星星"图层。

11.4　图层混合动画

　　一般图层混合动画可在"过场动画""Logo 动效"等动态效果的制作中与其他动作设计的制作协同使用。

11.4.1　混合模式建立

　　影片剪辑与图层都具有混合模式功能（但制作动画时需要使用图层混合形式完成），如图 11-32 所示，选择最上方的图层，在"属性"面板→"混合"下拉菜单中可选择需要的混合模式。

图 11-32

11.4.2　混合模式理解

　　使用混合模式，可以创建复合图像。复合是改变两个或两个以上重叠对象的透明度或者颜色相互关系的过程，使用混合可以混合重叠影片剪辑中的颜色，从而创造独特的效果。可通过尝试选择适合项目制作的模式。

11.4.3　实例——UI 动效：Logo 变色动画

　　本小节将介绍使用图层混合模式制作动画的方法，以拓展创作思路，如图 11-33 所示，通过选择"反相"混合模式，制作 Logo 动效。

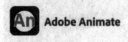  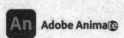 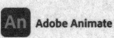

图 11-33

　　步骤 01　打开附赠"Logo 变色动画素材文件"源文件。

　　步骤 02　新建图层，选择"椭圆工具"绘制一个正圆，设置填充颜色为黑色，笔触颜色为无，如图 11-34 所示。

图 11-34

　　步骤 03　如图 11-35 所示，单击"图层 2"，在"属性"面板→"混合"下拉菜单中选择"反相"。

图 11-35

　　步骤 04　全选所有图层，在第 1 秒位置按 F5 键。

　　步骤 05　在"图层 2"第 8、10、20、23 帧处分别执行"插入关键帧"命令。

选择"任意变形工具"，依次等比调整每个关键帧内的图形大小，如图 11-36 所示。

第8帧

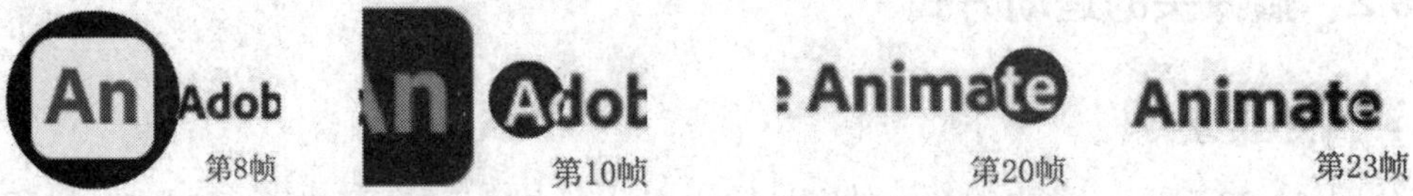

第10帧

第20帧

第23帧

图 11-36

步骤 06　在"图层 2"第 24 帧处按 F7 键，插入空白关键帧。

步骤 07　分别右击"图层 2"第 1、8、10、20 帧，在弹出的快捷菜单中选择"创建补间形状"命令，如图 11-37 所示。

图 11-37

步骤 08　按 Ctrl+Enter 快捷键，查看动画效果。

11.5　摄像头动画

摄像头动画是 AN 近几个版本升级的新内容（不能在元件内部使用），通过对摄像头图层添加补间动画来模拟摄影机推、拉、移、摇（无透视感的旋转）的拍摄方式。

修改焦点将用户的注意力从一个主题转移到另一个主题，还可使用色调或滤镜对场景应用色彩效果。

"摄像头工具"适用于 AN 中的所有内置文档类型，包括 HTML Canvas、WebGL 和 Actionscript。

11.5.1　启用及关闭摄像头

单击工具栏中的■按钮（快捷键为 C）可以使用"摄像头工具"调整画面。

单击"时间轴"面板上的■按钮可启用 Camera 图层，如图 11-38 所示。

图 11-38

在启用的情况下单击"时间轴"面板上的■按钮，可关闭此功能。

11.5.2　摄像头的运动方式

1．缩放摄像头

如图 11-39 所示，单击舞台上的  按钮，拖动操作杆可对画面缩放，对拖动过程制作
动画可以形成推、拉镜头的效果；也可以通过设置"摄像头工具"在"属性"面板中的"缩
放"值得到此效果，如图 11-40 所示。

图 11-39　　　　　　　　　　　　　　　　　　图 11-40

释放滑块，操作杆会迅速回至中间，再次拖动可继续缩放。

2．旋转摄像头

单击 按钮，拖动操作杆可旋转画面，如图 11-41 所示；或设置"摄像头工具"在"属
性"面板中的"旋转"值，对拖动过程制作动画可模拟真实摄影机的摇镜头中的倾斜状态。

图 11-41

释放滑块，操作杆会迅速回至中间，再次拖动可继续旋转。

3．移动摄像头

如图 11-42 所示，选择"摄像头工具"在舞台任意位置拖动，对拖动过程制作动画可
模拟摄影机横移、升降镜头，按住 Shift 键的同时拖动可得到水平或垂直移动的画面；也可
在"摄像头工具"的"属性"面板的"摄像头属性"中更改"摄像机设置""X"和"Y"

的数值以进行精确调整。

图 11-42

11.5.3　摄像头图层色调设置

选择"摄像头工具"，在"属性"面板的"色彩效果"中可修改当前帧的亮度、对比度、饱和度和色相的值。

对改变过程制作动画可模拟颜色的变换过程，比如白天变黑天，如图 11-43 所示。

图 11-43

11.5.4　图层深度功能

在 AN 中通过控制"摄像头工具"的速度、位置和图层深度功能，可以更好地模拟摄影机在真实空间中的运动感，实现为影片 Z 轴空间感，创造身临其境的体验。

如图 11-44 所示，设置"图层深度"后，在 Camera 图层制作横移运动镜头，可见图中标注的两棵树的距离（在不同的两层上）位移速率不一样，离视点近的图层中的树运动速度更快。

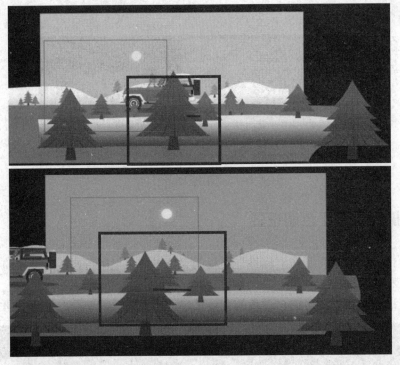

图 11-44

"图层深度"功能设置方法如下：

单击"时间轴"面板上的 █ 按钮或者选择菜单栏中的"窗口"→"图层深度"命令，在弹出的"图层深度"面板中，根据要模拟的空间关系调整不同图层深度的数值。

如图 11-45 所示，在"图层深度"面板中，蓝色的小点是摄像头（可以理解为观众视点）所在位置；当前选择图层（越野车）以线条加粗显示；图层深度数值越小（可负数）画面大、运动速度快，数值越大画面越小、运动速度越慢。

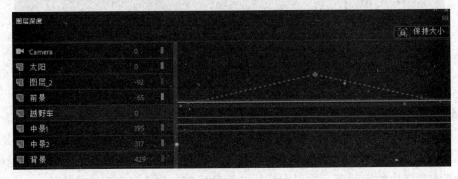

图 11-45

11.5.5 附加或分离摄像头图层控制功能

单击 Camera 图层上的 █ 按钮（总开关），可以取消或启动 Camera 图层对其他图层的控制，也可单击下方对应位置的分开关。

如图 11-46 所示，"太阳"图层的位置不随 Camera 图层的变化而变化。

图 11-46

11.5.6 实例——MG 动画：越野车动画

本小节是对"越野车绘制"案例的进一步完善。如图 11-47 所示，需要制作两个镜头，一个近景的跟拍镜头，一个远景升镜头，通过"硬切"的方式将两个镜头组接在一起。本小节将介绍如何在软件中实现镜头的切换，为读者制作 MG 动画提供思路，同时夯实对摄像头功能的理解及运用。

图 11-47

此外，还会介绍"将图层显示为轮廓"功能的用法。

步骤 01 打开 7.4.5 节绘制的越野车源文件，或者打开附赠的"越野车-静态"源文件素材。继续制作越野车动画效果，删除车的后轮胎，右击前轮胎，在弹出的快捷菜单中选择"转换为元件"命令，弹出"转换为元件"对话框，设置"类型"为"图形"，"名称"为"车轮自转"。

步骤 02　按 Ctrl+L 快捷键，在"库"面板中双击"车轮自转"元件的图标，在元件内部操作界面的图形上右击，在弹出的快捷菜单中选择"转换为元件"命令，弹出"转换为元件"对话框，设置"类型"为"图形"，"名称"为"静态车轮"。

> **提示**
>
> 　　车轮自转的动画效果需要"传统补间动画"完成，而可以制作"传统补间动画"的视觉元素只能是元件，所以需要在"车轮自转"元件内再次将图形转为元件，形成元件嵌入应用。

步骤 03　在"车轮自转"元件编辑界面中，在"图层 1"1 秒位置处按 F6 键。右击第 1帧，在弹出的快捷菜单中选择"创建传统补间"命令。选择"图层 1"任意一帧，如图 11-48所示，在"属性"面板中设置"旋转"为"顺时针"。

图 11-48

步骤 04　单击◄按钮，退回到"场景 1"的舞台，右击"图层 1"1 秒处，在弹出的快捷菜单中选择"插入帧"命令。

步骤 05　选择车轮图形，按 Ctrl+D 快捷键，将舞台上的两个车轮图形摆放在车的前后位置上。选择两个车轮图形，按 Ctrl+X 快捷键。新建一个图层并改名为"车轮"，选择"车轮"图层第 1 帧，按 Ctrl+Shift+V 快捷键，锁定此图层。

步骤 06　如图 11-49 所示，选择备胎图形，右击，在弹出的快捷菜单中选择"转换为元件"命令，弹出"转换为元件"对话框，设置"类型"为"图形"，设置"名称"为"备胎"。

步骤 07　如图 11-50 所示，选择车身图形，右击，在弹出的快捷菜单中选择"转换为元件"命令,弹出"转换为元件"对话框,设置"类型"为"图形","名称"为"车身"。

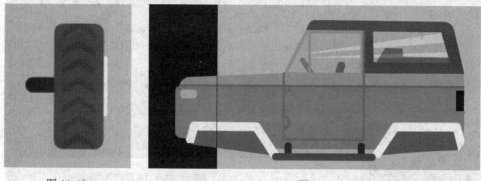

图 11-49   图 11-50

步骤 08 如图 11-51 所示,选择挡泥板图形,右击,在弹出的快捷菜单中选择"转换为元件"命令,弹出"转换为元件"对话框,设置"类型"为"图形","名称"为"挡泥板"。

图 11-51

步骤 09 全选所有图形,右击,在弹出的快捷菜单中选择"分散到图层"命令。如图 11-52 所示,摆放各个图形的位置,调整"时间轴"面板的图层位置。

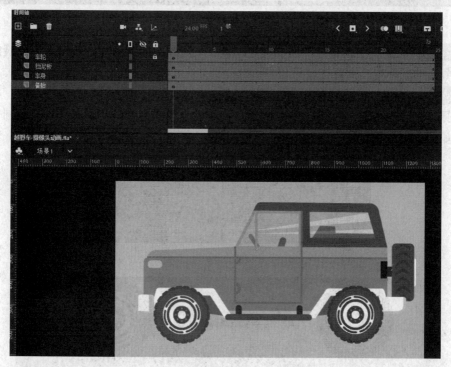

图 11-52

步骤 10 如图 11-53 所示,为"挡泥板""车身""备胎"图层创建"传统补间动画"。

图 11-53

步骤 11 做跟随动画设计，增加动画趣味。不同图层的图形做小幅度上下颠簸的动画效果，颠簸的频率根据需要进行调整。

步骤 12 新建一个图层并改名为"影子"，拖曳到最下方。

选择"椭圆工具"，如图 11-54 所示，设置填颜色和笔触颜色，在舞台上绘制一个椭圆形，如图 11-55 所示。

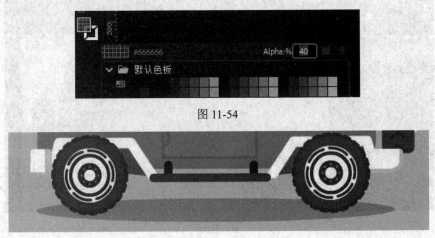

图 11-54

图 11-55

步骤 13　根据车身的颠簸状态制作影子的大小变化的"形状补间动画"效果,如图 11-56 所示。

图 11-56

步骤 14　全选所有图层,在图层名称上右击,在弹出的快捷菜单中选择"将图层转换为元件"命令(见图 11-57),弹出"转换为元件"对话框,设置"类型"为"图形","名称"为"越野车"。

步骤 15　为车添加司机。按 Ctrl+L 快捷键,双击"车身元件"图标进入元件编辑界面,新建"图层 2"并拖曳到下方。单击"图层 2"第 1 帧,将"库"面板中的"人物"元件拖曳到舞台后释放。使用"任意变形工具"等比调整大小,摆放合适位置,如图 11-58 所示。

图 11-57

图 11-58

步骤 16　返回"场景 1"中,绘制环境部分。如图 11-59 所示,以主体(越野车)为参考,分别建立多个图层绘制动画的前景部分及后景部分。

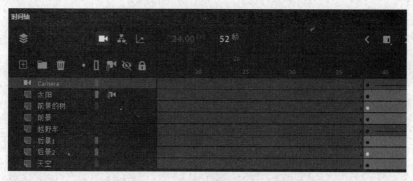

图 11-59

制作两个前景层,放在"越野车"图层上面;制作 3 个后景层放在"越野车"图层下面;"太阳"图层与主体之间没有重叠关系,所以只要保证此图层放在"天空"图层之上即可。

所有图层内容绘制参考,如图 11-60 所示。

（a）

（b）

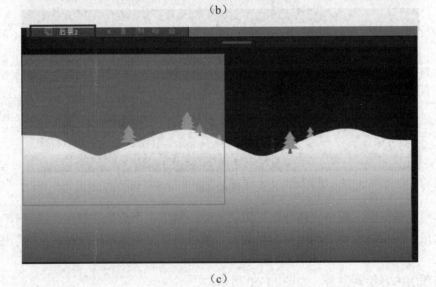

（c）

图 11-60

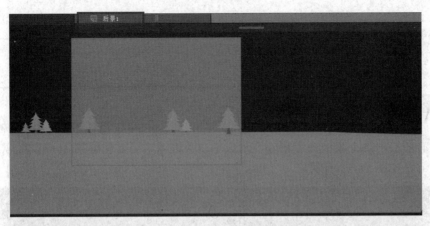

（d）

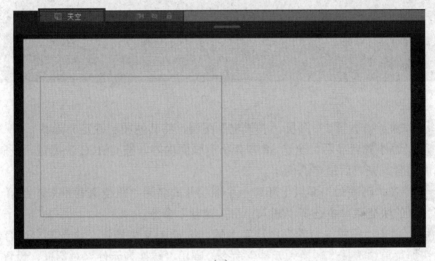

（e）

图 11-60（续）

步骤 17 舞台上所有视觉元素空间关系展示效果如图 11-61 所示。

图 11-61

提示

环境的横向和纵向范围要超过舞台的范围，这样运动镜头移动才能有空间。

步骤 18　制作第一个"跟拍"镜头。

右击"时间轴"面板所有图层第 38 帧，在弹出的快捷菜单中选择"转换为关键帧"命令。将所有图层中第 1 帧的内容删除（形成空白关键帧，可以理解第 1～37 帧第二个镜头没有出现），如图 11-62 所示。

图 11-62

步骤 19　除了"后景 2"图层、"天空"图层，将其他图层锁定并隐藏。

步骤 20　缩小舞台显示，全选 38 帧处所有画面内容，按 Ctrl+C 快捷键，复制舞台中的所有画面内容，完成后锁定这两层。

步骤 21　在"时间轴"面板上新建一个图层并改名为"跟镜头背景"，在第 38 帧处右击，在弹出的快捷菜单中选择"插入空白关键帧"命令。

步骤 22　单击"跟镜头背景"图层第 1 帧，按 Ctrl+V 快捷键。全选舞台内容，右击，在弹出的快捷菜单中选择"转换为元件"命令，弹出"转换为元件"对话框，设置"名称"为"跟镜头背景"，"类型"为"图形"。

步骤 23　使用"任意变形工具"将舞台图形等比放大，如图 11-63 所示。右击"跟镜头背景"图层第 37 帧，在弹出的快捷菜单中选择"转换为关键帧"命令，将舞台上的图形向左移动，锁定此图层。

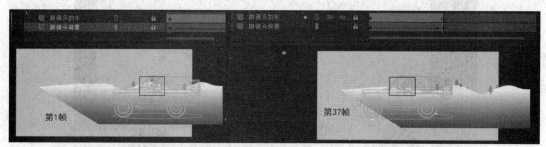

图 11-63

步骤 24　右击"跟镜头背景"图层第 1 帧，在弹出的快捷菜单中选择"创建传统补间"

命令，完成背景横移效果。

步骤 25　在"时间轴"上再建一个图层并改名为"跟镜头"。右击第 38 帧，在弹出的快捷菜单中选择"插入空白关键帧"命令。

步骤 26　从"库"面板中将"越野车"元件拖曳到"跟镜头"图层第 1 帧舞台上，单击此层的■按钮，将图层显示为轮廓，调整图形大小为近景镜头样态，锁定此图层。

提示

跟镜头背景动，主体不动。

步骤 27　制作第二个镜头的运动方式为"移+升"。

在"时间轴"面板所有图层第 157 帧处右击，在弹出的快捷菜单中选择"插入帧"命令。

步骤 28　"越野车"图层解锁，将第 38 帧的越野车图形拖动到右侧，半个车身在舞台内。

步骤 29　右击"越野车"图层第 66 帧，在弹出的快捷菜单中选择"转换为关键帧"命令，将舞台的越野车图形移动到舞台左侧外。右击第 38 帧，在弹出的快捷菜单中选择"创建传统补间"命令，形成车快速开出画面的效果，在第 67 帧处按 F7 键。

单击"时间轴"面板中的"图层深度"按钮，如图 11-64 所示，调整参数。

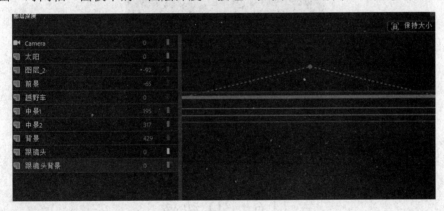

图 11-64

步骤 30　单击"时间轴"面板中的"摄像头"按钮，启动 Camera 图层。

右击 Camera 图层第 38 帧，在弹出的快捷菜单中选择"转换为关键帧"命令。

步骤 31　右击 Camera 图层第 157 帧，在弹出的快捷菜单中选择"转换为关键帧"命令，使用"摄影机工具"在舞台左下角按住鼠标向右上角拖动（不要移出画面），如图 11-65 所示。

步骤 32　右击 Camera 图层第 38 帧，在弹出的快捷菜单中选择"创建传统补间"命令。

步骤 33　将时间指针停在第 157 帧处，选择"摄像机工具"，如图 11-66 所示，单击"属性"面板→"工具"→"色彩效果"→"色调"后的色块，在弹窗中选择深蓝色，形成逐渐天黑的效果。

 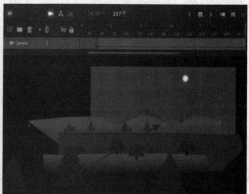

图 11-65

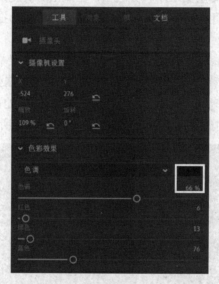

图 11-66

11.6　3D 动画

　　AN 软件提供的 3D 效果与三维软件的 3D 效果不同，AN 软件提供的是三维的空间，
而不能真正将图形制作成三维立体效果。

　　使用 3D 效果的图形必须是影片剪辑元件。

11.6.1　调整 3D 工具

　　下面介绍"3D 平移工具" （快捷键为 G）和"3D 旋转工具" ◆（快捷键为 Shift+W）
的使用方法及注意事项。

　　这两个工具可调整影片剪辑属性元件在三维空间中的变化，x、y 和 z 三个轴将以不同颜色的线显示在元件的上方，x 轴用红色线、y 轴用绿色线，z 轴用蓝色线代表，在所代表的线上拖动鼠标可使对应的属性发生改变。

　　"3D 平移工具"用以调整影片剪辑元件在三维空间中的位置变化，"3D 旋转工具"用以调整三维空间内的旋转角度变化。

　　除在图形上调整外，也可通过"属性"面板的相关参数对选择的影片剪辑元件做精确调整。

　　"属性"面板中的"消失点"会影响应用了 z 轴平移或旋转的所有影片剪辑，但不会影响其他影片剪辑，消失点的默认位置是舞台中心。

11.6.2　实例——UI 动效：3D 翻转动画

　　本案例是 AN 三维效果的动画应用，适合 Logo 动效等短小动画制作，如图 11-67 所示。同时介绍"优化补间动画"功能的使用方法。

图 11-67

步骤 01　使用"椭圆工具"（选择子工具"对象绘制"），在舞台上绘制一个蓝色正圆图形。

　　选择"文本工具"，设置填充颜色为白色，单击舞台并输入 U。

步骤 02　使用"对齐"面板调整"正方形"与"UI"位置为居中对齐。

步骤 03　全选所有图形，按 Ctrl+D 快捷键。选择新复制的圆形更改颜色为橘色，单击字符 U，在输入框中删除原有字符并重新输入字符 M。

步骤 04　分别选择两组图形并分别转为影片剪辑元件，按照内容命名，如图 11-68 所示。

图 11-68

步骤 05 选择两个元件，打开"对齐"面板，单击"水平中齐"和"垂直中齐"按钮。

步骤 06 全选图形，右击，在弹出的快捷菜单中选择"分散到图层"命令。"时间轴"面板出现新的图层并会按图层元件名称命名，如图 11-69 所示。

步骤 07 在 U 图层第 11 帧处右击，在弹出的快捷菜单中选择"插入帧"命令。右击第 1 帧，在弹出的快捷菜单中选择"创建补间动画"命令。

步骤 08 单击舞台上的 U 图形，将"属性"面板→"对象"→"3D 定位和视图"→"透视角度"■数值改为 1，如图 11-70 所示。

图 11-69

图 11-70

步骤 09 拖动鼠标指针到 U 图层第 11 帧，按 Shift+W 快捷键，在舞台的图形上向下稍稍拖动绿线（Y 值）。如图 11-71 所示，舞台图形已发生透视变化，并且"时间轴"面板第 11 帧处会自动添加一个关键帧（"黑点"略小于正常关键帧样态）。

步骤 10 在 U 图层双击或右击，在弹出的快捷菜单中选择"优化补间动画"命令，进一步精确调整旋转角度到"90 度"。

步骤 11 如图 11-72 所示，在展开的编辑区域选择"变换"→"旋转"→Y。图中圆圈部分，左上角的点在 0 度，可以理解为第 1 个关键帧 Y 的旋转角度是 0，舞台上的 U 图形是纯正面；向下拖动左下角的点（第 11 帧），使其停在-90 的位置后释放，舞台上的 U 图形已经旋转为 90 度，变成纯侧面效果。

图 11-71

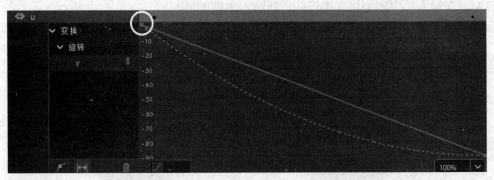

图 11-72

步骤 12 按住 Alt 键并拖动右下角的点，当出现操控杆后，继续向上拖动操控杆，如图 11-73 所示，将直线改为曲线后释放，动画效果会由匀速变为缓入。

图 11-73

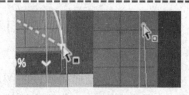
步骤 13　锁定 U 图层。

步骤 14　如图 11-75 所示，将 M 图层的第 1 帧拖动到第 12 帧处（前 11 帧形成空白帧），右击第 24 帧，在弹出的快捷菜单中选择"插入帧"命令；右击第 12 帧，在弹出的快捷菜单中选择"创建补间动画"命令。

图 11-75

步骤 15　其他调整与 U 图层的调整步骤一样，只是 Y 旋转值起始度（第 11 帧）为-90 度，第 24 帧为 0 度，M 图形由侧面变为正面。如图 11-76 所示，缓动动画调整效果与 U 图层的调整效果不一样。

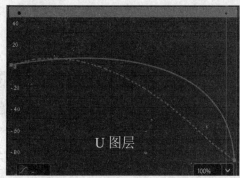
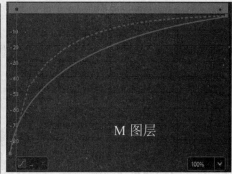

图 11-76

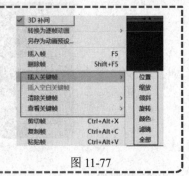

提示

如图 11-77 所示，补间动画制作 3D 效果时，"3D 补间"命令会自动选中。

右击已创建的补间动画的帧，可执行插入、清除、查看此帧内所选影片剪辑元件属性的命令。

图 11-77

11.7　骨　骼　动　画

可以对元件及形状属性的图形添加骨骼，骨骼按父子关系链接成线性或枝状的骨架，当一个骨骼移动时，与其连接的骨骼也发生相应的移动。

11.7.1　对元件添加骨骼

使用"骨骼工具" （快捷键为 M），为舞台上已创建元件添加骨骼。首先对元件进行排列，便于对骨骼的调整，默认情况下，AN 会在鼠标单击的位置上创建骨骼，将鼠标拖动至另一个元件上释放，可建立骨骼。

11.7.2　控制骨骼方式

对骨骼控制的基本方式归纳为以下几点。

（1）添加骨骼后，使用"选择工具"单击可选一根骨骼，按住 Shift 键单击骨骼可选多根骨骼，双击可全选所有连接的骨骼。

（2）使用"选择工具"拖动可对骨骼位置做调整。

（3）按 Delete 键可删除骨骼。

（4）选择骨骼按键盘上、下、左、右键可调整骨骼锚点位置。

11.7.3　实例——MG 动画：台灯动画

如图 11-78 所示，本小节将介绍为元件添加骨骼并制作动画的方法。

步骤 01　如图 11-79 所示，分别绘制"台灯"的内容，并按照零部件分别创建多个元件。对于台灯支架图形（"节"的元件），上下两个图形一样，应用时直接复制另一个元件即可。

步骤 02　将所需元件拖曳到舞台上并无遮挡摆放。选择"骨骼工具"，从底座开始添加骨骼，如图 11-80 所示，单击并向上拖动鼠标，到"节"元件底部释放，重复上述操作直至骨骼连接所有元件（注意只有将骨骼放置在元件上才能添加成功）。

图 11-78

图 11-79

　　使用"选择工具"（底座不动）单击下方的节图形，按键盘向下键移动节图形位置直至与底座图形产生叠加，如图 11-81 所示，使用上述方法依次选择其他图形并调整位置。

步骤 03　调整各个图形的上下关系，比如右击转弯图形，在弹出的快捷菜单中选择"排列"→"移至顶层"命令。如图 11-82 所示，按此方法将其他图形上下层关系调整正确。

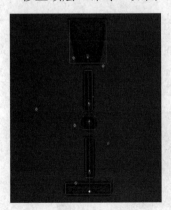
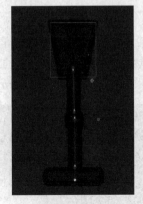

图 11-80　　　　　　　　　　　图 11-81　　　　　　　　　　　图 11-82

步骤 04　可见"时间轴"面板中"图层 1"变为"骨架_1"。在此图层第 2 秒处右击，在弹出的快捷菜单中选择"插入帧"命令。

步骤 05　使用"选择工具"选择底座图形上的骨节。单击"属性"面板→"关节：旋转"右侧的⊙按钮，关闭旋转功能，如图 11-83 所示。

图 11-83

步骤 06　拖动时间指针到"骨架 1"图层的第 10 帧处，使用"移动工具"拖动舞台灯头图形，在如图 11-84 所示位置释放，拖动时间指针到第 15 帧处，选择"任意变形工具"调整灯头图形角度使其向下，使用此方法可保持其他位置不动。

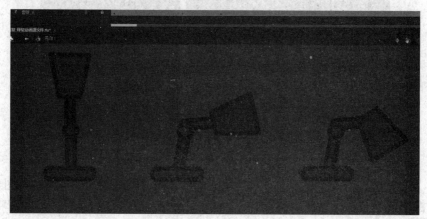

图 11-84

提示

如图 11-85 所示，右击某帧，在弹出的快捷菜单中选择"清除姿势"命令才是删除骨骼动画关键帧的方法。选择"清除帧"命令，当前帧会变成空白关键帧并将该动画变成两个部分，而选择"删除帧"命令会使当前动画少一帧。

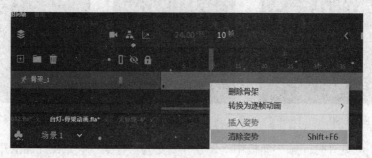

图 11-85

> 如果需要一个骨架动画在同图层变成两个，其方法是：选择好拆分点（某个帧），右击，在弹出的快捷菜单中选择"拆分骨架"命令。

步骤 07　在"时间轴"面板上新建一个图层并拖动到下方，右击第 15 帧，在弹出的快捷菜单中选择"转换为关键帧"命令，使用"多角星形工具"在舞台上绘制一个三角形，设置填充颜色为半透明白色，笔触颜色为无。

步骤 08　锁定"骨架"图层，单击█按钮，以轮廓形式显示"骨架"图层。使用"选择工具"调整"图层 2"三角形图形的样态，如图 11-86 所示。

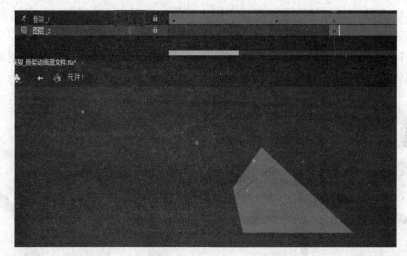

图 11-86

步骤 09　单击"骨架"图层的█按钮，关闭以轮廓形式显示功能。

11.7.4　对形状添加骨骼

可以将骨骼添加给同一图层的单个形状或一组形状。无论哪种情况，都必须先选择所有形状后再添加骨骼，如图 11-87 所示，左图为全选后添加骨骼，右图没有全选，添加骨骼后图形会被拆分。添加骨骼之后，AN 会为所有形状创建一个骨骼，并将其移至一个新的图层，同元件创建骨骼一致。

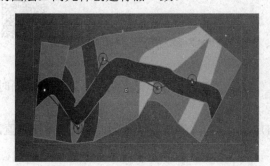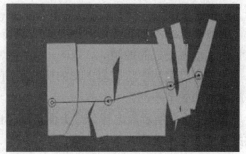

图 11-87

11.7.5　绑定工具

建立形状骨骼后，可以使用"绑定工具" ![icon]（快捷键为 Shift+M）调整骨骼对形态的控制范围。

如图 11-88 所示，绘制一只花朵图形并使用"骨骼工具"建立骨骼。

如图 11-89 所示，使用"选择工具"改变花朵位置时发现左下方的花瓣边缘默认被绑定在花茎骨骼上。

如图 11-90 所示，此情况可以选择"绑定工具"将图中圈内花瓣边缘锚点分别拖动到花瓣的骨骼上。

如图 11-91 所示，重新绑定后，再次使用"选择工具"拖动左下方花瓣图形，可以看到已脱离原绑定。

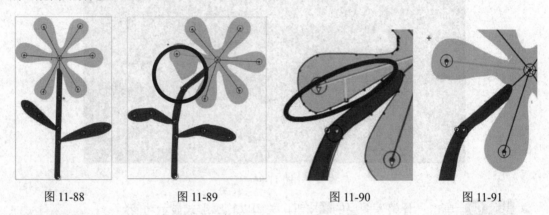

图 11-88　　　　　　图 11-89　　　　　　图 11-90　　　　　　图 11-91

提示

"骨骼工具"不能直接应用在"笔触"上，但"填充"外有轮廓的情况下可以受骨骼控制，如图 11-92 所示。

图 1-92

11.7.6　骨骼约束

允许对已经添加的骨骼各个骨关节旋转、"X""Y"移动范围做约束，以对骨骼运动做更好的控制。

比如台灯案例中将底座图形的旋转关闭（"X""Y"平移默认关闭），在制作动画时使底座上的关节不动。

如图 11-93 所示，选择台灯上面节图形的关节，选中"约束"复选框并指定偏移数值，此关节可在指定范围内脱离约束。

图 11-93

11.7.7　骨骼弹簧

骨骼弹簧包括"强度"和"阻尼"两个可调整属性，调整其数值可使骨骼动画效果逼真。

1．强度

弹簧强度值越高，创建的弹簧效果越强。

2．阻尼

阻尼是指弹簧效果的衰减速率，值越高，弹簧属性减小得越快。

11.8　资源变形动画

可以对形状属性图形或位图使用"资源变形工具"（快捷键为 W）改变图形样态。

此工具设置的操控节点可以以独立的"图钉"（关节）形式或骨骼形式显示，如图 11-94 所示。

图 11-94

11.8.1　资源变形工具

（1）使用"资源变形工具" 在图形上单击，默认添加"图钉"形式的操控点，也可先设置工具的属性，开启"创建骨骼"功能后再为图形添加操控点，将以骨骼形式显示。

（2）使用"资源变形工具"拖动操控点可改变图形样态。

（3）"库"面板中会自动添加以 WarpedAsset 命名的元件。

（4）可随时在图形上添加新的操控点。

（5）选择某个操控点，按 Delete 键，可进行删除。

11.8.2　"资源变形工具"与"骨骼工具"的差异

"资源变形工具"与"骨骼工具"都可以用来改变形状属性图形的样态，并将变化过程制作为动态效果，但也存在一定的差异：

（1）"资源变形工具"可以直接应用在"笔触"上。

（2）"资源变形工具"制作动画方式为"传统补间动画"。

（3）如图 11-95 所示，左图为椭圆图形使用"骨骼工具"调整样态，形态变化但渐变填充颜色不受形态变化的影响。右图为使用"资源变形工具"调整后的椭圆图形样态，可以理解为已将矢量（椭圆图形）转为位图，放大显示图形可见像素块，调整形态以及填充颜色均发生改变。

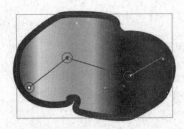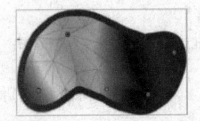

图 11-95

11.8.3　"资源变形工具"的其他功能

如图 11-96 所示，"属性"面板中"网格""封套"是对图形变形细节的进一步控制，拖动"网格"滑块可修改网格密度，网格密度越高，变形越平滑，较低的网格密度会降低变形质量；开启"封套"功能可以对图形边缘锚点进行控制，以便于细致调整。

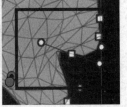

图 11-96

11.8.4　实例——MG 动画：飘扬的旗帜

如图 11-97 所示，本小节将介绍"资源变形工具"的应用及对其所变形的图形制作动画的方法。

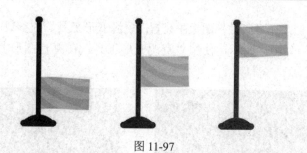

图 11-97

步骤 01　选择"矩形工具"在舞台上绘制矩形，设置笔触颜色为无，填充颜色为蓝色。

步骤 02　按 Shift+B 快捷键，如图 11-98 所示，单击◎按钮，选择"画笔模式"中的"仅绘制填充"选项。填充颜色改为黄色，如图 11-99 所示，设置"属性"面板中"流畅画笔选项"下的参数。

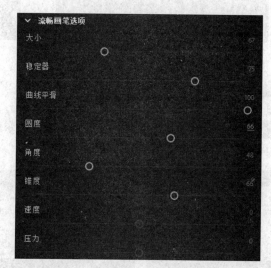

图 11-98　　　　　　　　　　　　　图 11-99

步骤 03　使用"流畅画笔工具"在舞台上的矩形图形外单击并拖动鼠标，如图 11-100 所示，直至横跨矩形图形外释放。重复上述过程绘制多个线条。

图 11-100

提示

重新绘制（快捷键为 Ctrl+Z）可撤销到上一步。

步骤 04　按 W 键，在"属性"面板中设置"资源变形工具"的参数，如图 11-101 所示。

步骤 05　如图 11-102 所示，使用"资源变形工具"在舞台图形上连续单击，添加 5 个操控点。

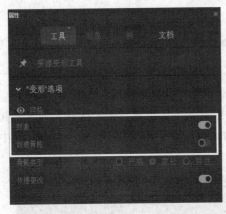

图 11-101　　　　　　　　　　　图 11-102

步骤 06　分别右击"图层 1"的第 6、11、14、17 帧，在弹出的快捷菜单中选择"插入关键帧"命令。

步骤 07　制作旗帜动态效果。依次使用"资源变形工具"在不同的帧中拖动操控点，如图 11-103 所示，参考例图调整位置。

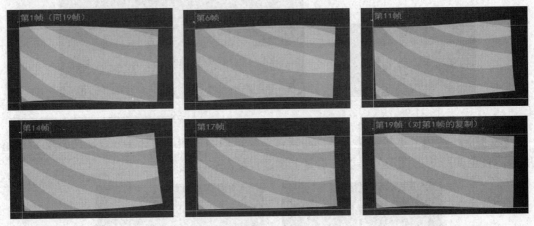

图 11-103

步骤 08　右击第 1 帧，在弹出的快捷菜单中选择"复制帧"命令；右击第 19 帧，在弹出的快捷菜单中选择"粘贴帧"命令，形成循环动画。

步骤 09　右击图层名称后，再选中任意帧右击，在弹出的快捷菜单中选择"传统补间动画"命令，如图 11-104 所示。

图 11-104

步骤 10 在“图层 1”图层名称上右击，在弹出的快捷菜单中选择“将图层转换为元件”命令。

步骤 11 在弹出的“将图层转为元件”对话框中设置“名称”为“旗子”，“类型”为“图形”。

步骤 12 在“时间轴”面板上新建一图层，双击图层名称并改名为“旗杆”，将此图层拖动到“旗子”图层上面。

步骤 13 单击“旗杆”图层第 1 帧，在舞台上使用“矩形工具”“椭圆工具”绘制旗杆，使用“选择工具”修改旗杆墩形态，如图 11-105 所示。

步骤 14 选择“旗子”“旗杆”图层第 100 帧，右击，在弹出的快捷菜单中选择“插入帧”命令，锁定“旗杆”图层。

步骤 15 将时间指针拖动到第 1 帧，选择“任意变形工具”，单击舞台上的旗帜图形，将控制框中心点移动到图形左侧边缘，并将旗子放置在下端，如图 11-106 所示。

步骤 16 单击“旗子”图层第 38 帧，按 F6 键，将舞台的图形拖动到旗杆上端，如图 11-107 所示。

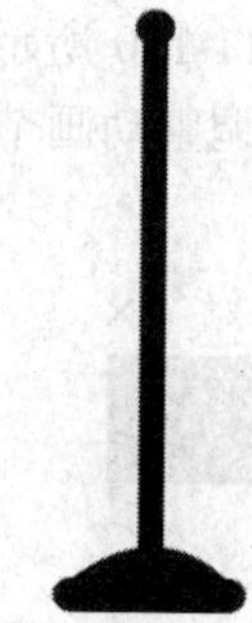

图 11-105

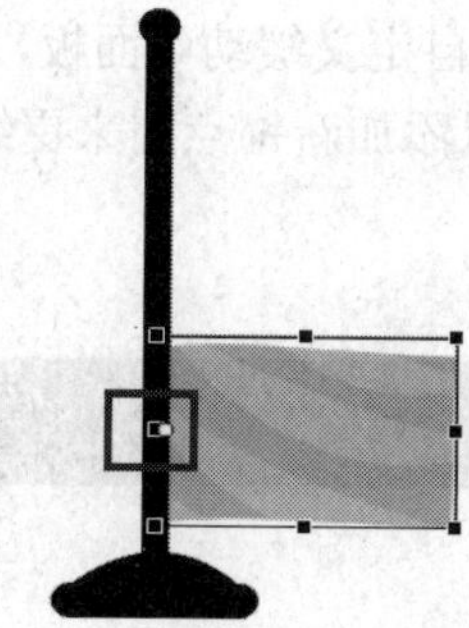

图 11-106

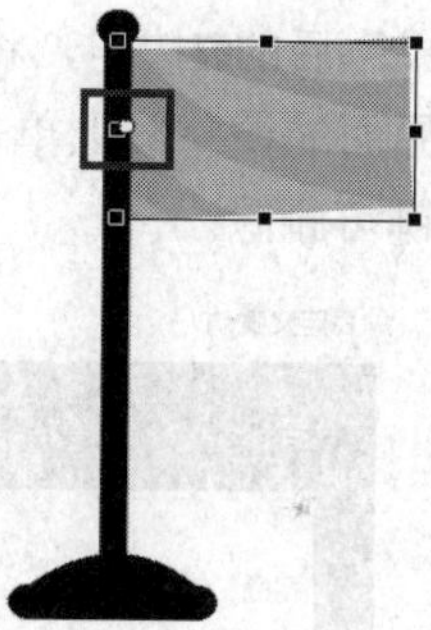

图 11-107

步骤 17 在“旗子”图层第 1 帧处右击，在弹出的快捷菜单中选择“创建传统补间”命令。

11.9 缓 动 动 画

形状补间动画、传统补间动画、补间动画都调整为“缓动”效果，对“缓动”的调整可实现自由的动画节奏的设置，使补间更为真实自然。

11.9.1 形状及传统补间动画缓动效果

当用户创建完形状或传统补间后，选择任意一帧，在“属性”面板的“补间”中可以调整动画的运动速率，如图 11-108 所示。

图 11-108

单击"效果"后的 Classic Ease（默认）按钮，弹出软件提供的缓动效果预设，双击某缓动预设，可改变形状或传统补间的动画节奏，如图 11-109 所示。

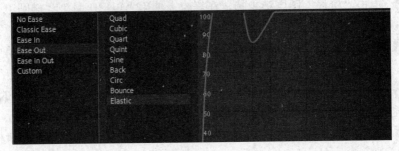

图 11-109

单击"效果"后的▨按钮，将启动"自定义缓动"面板，如图 11-110 所示，在"自定义缓动"编辑界面的调整线上单击，可以添加新锚点用来更细致地调整动画节奏；选择锚点，按 Delete 键可删除。

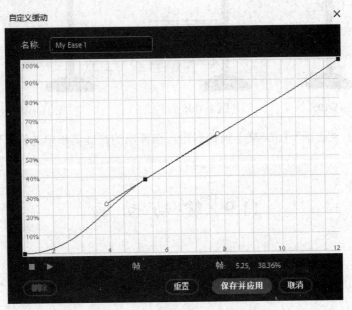

图 11-110

11.9.2　补间动画的缓动效果

选择已制作补间动画图层的任意一帧或选择舞台上的运动路径线，在"属性"面板的

"补间"中调整数值，可以调整动画节奏，如图 11-111 所示。

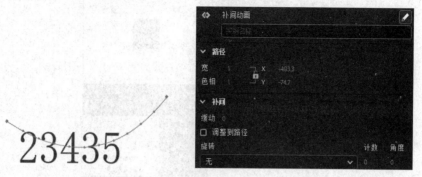

图 11-111

还可以在"优化补间动画"界面中调整补间动画缓动效果，可通过以下 3 种方式打开此界面：

（1）双击补间动画图层。

（2）选择补间动画图层任意一帧，单击"属性"面板→"补间动画"按钮 。

（3）右击补间动画图层任意一帧，在弹出的快捷菜单中选择"优化补间动画"命令。

如图 11-112 所示，在展开的优化补间界面中，单击 按钮，使用"钢笔工具"在操作界面的控制线上单击可添加锚点；选择锚点，按 Delete 键可删除。

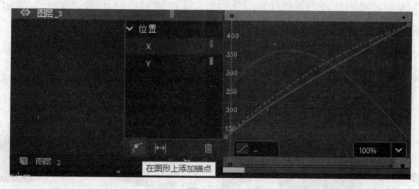

图 11-112

11.10　预设动画

AN 软件提供了常用的动作设计，用户可以调用此功能轻松得到优秀的动态效果。

选择菜单"窗口"→"动画预设"命令，选择舞台上已经创建好的图形（元件属性），在"动画预设"面板中右击"脉搏"，在弹出的快捷菜单中选择"在当前位置应用"命令，如图 11-113 所示。

如图 11-114 所示，在"时间轴"面板上图形所在图层会自动完成动画效果的设置。

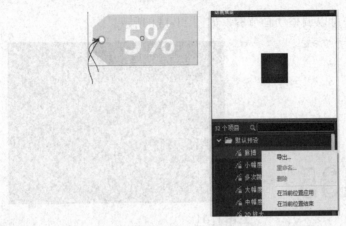

图 11-113

图 11-114

11.11　交互动画

AN 提供了多种制作交互类型的文件方式，用户通过软件内置"脚本"的编辑可以制作交互类型的课件、网页等交互动画。

本节以实例方式介绍交互动画的制作过程，以拓展软件使用思路，如图 11-115 所示。

图 11-115

步骤 01　打开附赠的"人物动态按钮-制作案例"源文件。

步骤 02　双击图层名称并改名为"按钮"。将舞台的人物图形移动到舞台左下角位置，如图 11-116 所示。

步骤 03　新建图层并改名为"图片"。按 Ctrl+R 快捷键，在弹出的"导入"对话框中按住 Shift 键选择附赠"1""2""3""4"四张图片，单击"打开"按钮，如图 11-117 所示。

步骤 04　选择"时间轴"面板上、下 2 层，在第 4 帧处右击，在弹出的快捷菜单中选择"插入帧"命令。

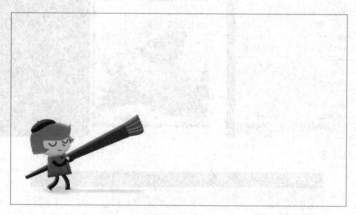

图 11-116

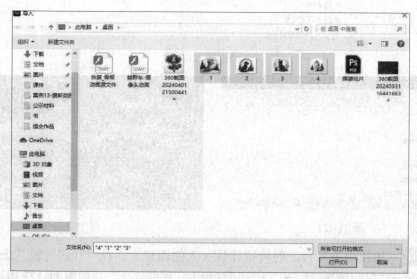

图 11-117

步骤 05 全选舞台上导入的图，使用"任意变形工具"等比缩小并将图摆放在舞台中间，右击全选的图，在弹出的快捷菜单中选择"分布到关键帧"命令，如图 11-118 所示。

步骤 06 单击"图片"图层名称，为所有帧添加"投影"滤镜，如图 11-119 所示。然后，将此图层拖动到"按钮"图层下方。

步骤 07 将时间指针移至第 1 帧处，按 F9 键，在"动作"面板中单击 <> 按钮，然后在"代码片段"面板中双击 ActionScript→"时间轴导航"→"在此帧处停止"，如图 11-120 所示。

步骤 08 解锁"按钮"图层，选择舞台上的按钮元件（人物图形），在"代码片段"面板中双击 ActionScript→"事件处理函数"→"Mouse Click 事件"，如图 11-121 所示。

此时，软件提示需要给按钮设置实例名称（可以理解为元件的脚本名称，不可中文），单击"确定"按钮，软件自动命名，如图 11-122 所示。

图 11-118　　　　　　　　　　　　　　　　图 11-119

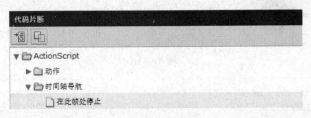

图 11-120

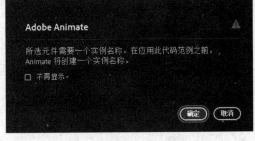

图 11-121　　　　　　　　　　　　　　　　图 11-122

步骤 09　再次单击舞台上的按钮元件（人物图形），在"代码片段"面板中双击 ActionScript→"时间轴导航"→"单击以转到下一帧并停止"，如图 11-123 所示。

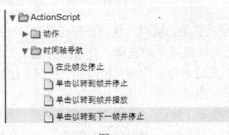

图 11-123

步骤 10　完成后，按 Ctrl+Enter 快捷键发布文件并查看效果。

第 12 章　Animate 发布格式

本章主要介绍 MG 动画及 UI 动效常见动态文件格式的导出方法。

12.1　导出 PNG 序列帧

PNG 格式是一种图像文件存储格式，属于位图文件存储格式的一种类型。

12.1.1　元件导出 PNG 序列

AN 允许将"库"面板中或舞台上的元件导出成为 PNG 图片，若是动态内容将生成一些按序号保存的单独图像文件。

如图 12-1 所示，右击"库"面板中或舞台上的元件，在弹出的快捷菜单中选择"导出 PNG 序列"命令，在弹出的对话框中指定系统存储位置，单击"保存"按钮。

如图 12-2 所示"导出 PNG 序列"对话框中参数说明如下。

图 12-1

图 12-2

（1）宽度：图像输出的宽度，默认为元件内容的宽度，可更改此值调整输出比例。

（2）高度：图像输出的高度，默认为元件内容的高度，可更改此值调整输出比例。

（3）分辨率：图像输出的分辨率，默认值为 72dpi。

（4）颜色：图像输出的位深度，默认为 32 位，可选择 8、24 或 32 位。

（5）平滑：图像输出边缘平滑度。

调整好数值后单击"导出"按钮。

如图 12-3 所示，打开系统指定存储位置，可查看已输出 PNG 序列文件。

如图 12-4 所示，如果对放在舞台的元件做"旋转"等变化，在舞台该元件上右击，在弹出的快捷菜单中选择"导出 PNG 序列"命令，在图像输出时会保留变化样态。

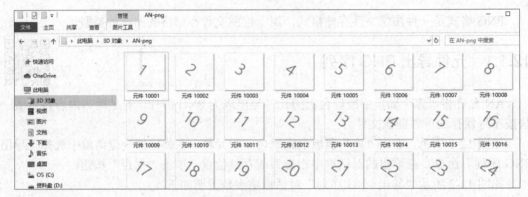

图 12-3

图 12-4

12.1.2　场景内容导出 PNG 序列

选择"文件"→"导出"→"导出影片"命令，可在弹出的对话框中选择保存文件的位置，在"保存类型"下拉列表框中选择"PNG 序列"，单击"确定"按钮，如图 12-5 所示。

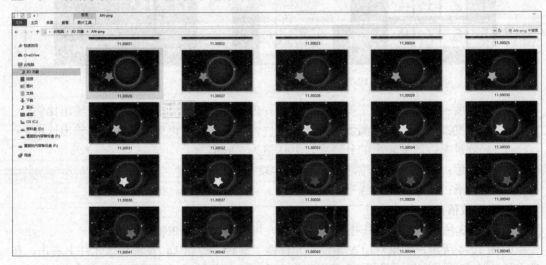

图 12-5

在"保存类型"中还可以根据需要选择其他的文件
格式，如图 12-6 所示。

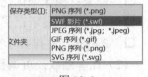

图 12-6

12.2　导出 GIF 格式文件

1. GIF 文件介绍

GIF 是一种图像交换格式，不仅支持静态图像，也支持由若干静态图像连续播放的帧
动画。GIF 最多支持 256 种色彩的图像。

2. 导出方法

在 AN 中支持将动态效果输出为 GIF 格式文件，方法是：选择菜单→"文件"→"导
出"→"导出动画（GIF）"命令。

3. "导出图像"对话框

如图 12-7 所示，在"导出图像"对话框中可对 GIF 输出做进一步设置。

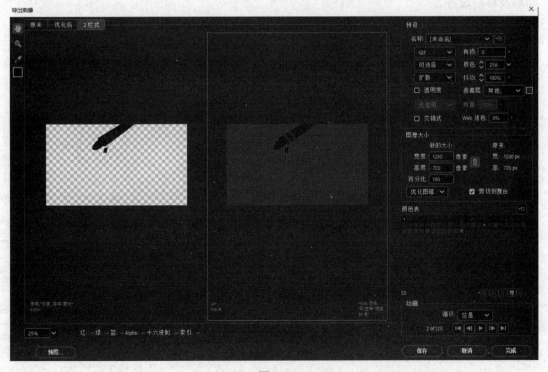

图 12-7

（1）左侧区域有以下不同显示方式。

❑　　原来：图像未优化状态。

❑　　优化后：显示已优化设置的图像。

❑　　2 栏式：并排显示图像的两个样态。

（2）比率缩放：可调整显示图层的大小。

（3）单击▇▇▇按钮，可以预览发布以查看 GIF 文件发布后的样态。

（4）在"预设"中可选择 GIF 文件常用设置，选中"透明度"复选框，舞台以透明样态输出，也可在"遮罩层"中指定某个颜色作为背景颜色输出。

（5）在"图像大小"栏中可以通过设置输出动图的宽高比、质量。选中"剪切到舞台"复选框，输出的 GIF 文件将与舞台大小一致，不选中此复选框会输出动态图形全部画面（不会裁切舞台外的动作）。

（6）通过"动画"栏中的播放器可在对话框中预览动画效果。

单击"保存"按钮，在弹出的"另存为"对话框中可指定存储位置。

12.3　导出 SVG 格式文件

1．SVG 文件介绍

SVG（可伸缩矢量图形）是用于描述二维图像的一种 XML 标记语言，可用于 Web、印刷及移动设备。

某些常见的 Web 图像格式如 GIF、JPEG 及 PNG，体积都比较大且通常分辨率较低，SVG 格式则允许按照矢量形状、文本和滤镜效果来描述图像，同时 SVG 文件体积小，在屏幕上放大 SVG 图像的视图，不会损失锐度、细节或清晰度，此外 SVG 格式完全基于 XML，它对开发人员和其他用户来说具有诸多优势。

2．导出方法

在 AN 中，将时间指针拖动到合适的帧处，选择菜单栏中的"文件"→"导出"→"导出影片"命令（快捷键为 Ctrl+Shift+Alt+S），弹出"导出影片"对话框，然后在"保存类型"下拉列表框中选择"SVG 序列"选项，确定保存根目录及名称，最后单击"保存"按钮。

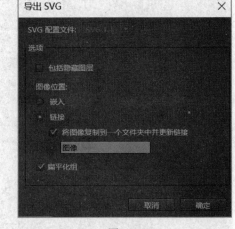

图 12-8

3．导出 SVG 对话框

如图 12-8 所示，在"导出 SVG"对话框中可对 SVG 输出做进一步设置。

（1）嵌入：表示在 SVG 文件中嵌入位图。如果想在 SVG 文件中直接嵌入位图，则可以使用此选项。

（2）链接：表示提供位图文件的路径链接。如果不想嵌入位图，而是在 SVG 文件中提供位图链接，则可以使用此选项。

（3）将图像复制到一个文件夹中并更新链接：选中此复选框，位图将保存在 images 文件夹中，该文件夹是在导出 SVG 文件的位置被创建的。

> **提示**
>
> 　某些 AN 功能是不受 SVG 格式支持，使用这些功能创建的内容在导出时或者会被删除，或者会默认为改用支持的功能。

12.4　导　出　视　频

默认情况下，AN 可将制作的影片输出为 QuickTime（.mov）文件，同时允许视频素材通过 Adobe Media Encoder 软件输出更多常见的视频格式，如 MP4 格式的视频文件。

选择菜单栏中的"文件"→"导出"→"导出视频/媒体"命令，在弹出的"导出媒体"对话框中可以对输出格式进行设置，如图 12-9 所示。

（1）渲染大小：默认输出内容采用舞台大小，可对"宽""高"值进行修改，指定新输出的宽高比。

（2）忽略舞台颜色（生成 Alpha 通道）：选中此复选框，可将舞台颜色以透明样态输出。

（3）格式：可选择更多常见格式，在 Adobe Media Encoder 渲染时得到此处所选视频格式以输出。

图 12-9

（4）立即启动 Adobe Media Encoder 渲染队列：选中此复选框，将启动 Adobe Media　Encoder 软件以输出视频。

12.5　导出其他格式

选择菜单栏中的"文件"→"发布设置"命令（快捷键为 Ctrl+Shift+F12），打开"发布设置"对话框，如图 12-10 所示，在需要输出的格式前单击（即选中该复选框），可同时以多个文件格式输出。

（1）输出名称：输入文件名。

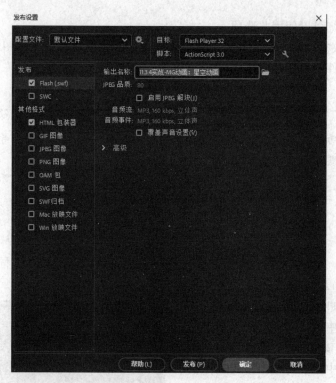

图 12-10

（2）可单击■按钮来选择发布目标按钮以指定输出位置。

单击"发布"按钮即可导出文件。

12.5.1 导出 SWF 文件

SWF 是 Macromedia 公司的动画设计软件 Flash 的专用格式，可以用 Adobe Flash Player 打开。文件存储位置与源文件的存储目录一致。

按 Ctrl+Enter 快捷键或单击"测试影片"按钮■，可查看此格式文件。

12.5.2 导出放映文件

1. Win 放映文件

创建一个可以在 Windows 计算机上运行的.exe 文件。

2. Mac 放映文件

创建一个可以在 Mac 上运行的.app 文件。

提示

HTML5 Canvas 或 WebGL（预览）文档类型不能导出为放映文件。

12.5.3　导出其他静态图片格式

在 AN 中，可以使用"导出图像""导出图像（旧版）"命令将图像另存为 GIF、JPEG、PNG 等静态文件，还可以通过发布设置选中需要的格式输出。

12.6　与 Adobe 其他视频软件协作

Adobe 公司拥有众多优秀的图形、视频等编辑软件，在软件间协作上 Adobe 公司提供了很好的兼容性，不仅在前期制作时可以导入 PS、AI 源文件用以丰富画面创作，同时对于输出的视频文件也提供了视频软件协作路径。

12.6.1　AN 与 Premiere Pro 协作

Adobe Premiere Pro（简称 PR）是一款专业的视频编辑工具。

如图 12-11 所示，PR 软件提供了各种可精确到帧级的视频编辑专业工具，同时对于声音文件的处理、视频文件字幕的编辑等方面更为灵活。

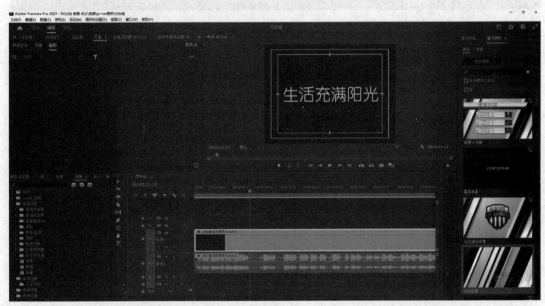

图 12-11

在剪辑方面可以为 AN 制作的动画做进一步的优化性编辑。

12.6.2　AN 与 After Effects 协作

After Effects 是 Adobe 公司开发的一款十分优秀的动画制作及合成的软件。它提供了强大的特效制作功能，可以使用户创建引人注目的动态图像和震撼人心的视觉效果。它支持常用的视频格式文件的导入，重要的是它允许 AN 软件输出的 SWF 格式文件的导入，并保留 Alpha 通道，如图 12-12 所示，在软件协作上为用户提供了便利。

图 12-12

案例素材

案例源文件

参 考 文 献

[1] 段天然，杨慧萌．Animate 2022 二维动画设计与制作[M]．北京：清华大学出版社，2023．

[2] 克里斯·杰克逊．After Effects 动态设计 MG 动画+UI 动效[M]．北京：人民邮电出版社，2022．

[3] 黄临川，赵竹宇．MG 动画设计 5 项修炼[M]．北京：人民邮电出版社，2021．

[4] https://zhidao.baidu.com/question/3020953.html．

[5] https://www.docin.com/p-273063425.html．